新型职业农民培育系列教材

U0272072

农民专业合作社
建设与管理

◎杨 超 祁小军 任永霞 主编

中国农业科学技术出版社

图书在版编目（CIP）数据

农民专业合作社建设与管理／杨超，祁小军，任永霞主编．—北京：中国农业科学技术出版社，2016.5

ISBN 978－7－5116－2606－6

Ⅰ．①农…　Ⅱ．①杨…②祁…③任…　Ⅲ．①农业合作社－专业合作社－经营管理－中国　Ⅳ．①F321.42

中国版本图书馆 CIP 数据核字（2016）第 103147 号

责任编辑	白姗姗
责任校对	李向荣

出 版 者	中国农业科学技术出版社
	北京市中关村南大街 12 号　邮编：100081
电　　话	（010）82106638（编辑室）　　（010）82109702（发行部）
	（010）82109709（读者服务部）
传　　真	（010）82106650
网　　址	http：//www.castp.cn
经 销 者	各地新华书店
印 刷 者	北京富泰印刷有限责任公司
开　　本	850mm×1 168mm　1/32
印　　张	8
字　　数	200 千字
版　　次	2016 年 5 月第 1 版　2016 年 5 月第 1 次印刷
定　　价	31.90 元

《农民专业合作社建设与管理》
编 委 会

主　编：杨　超　　祁小军　　任永霞

副主编：崔海青　　龙文莉　　王国荣　　刘占波

　　　　胡　杏　　李志华　　周　坚　　郭建新

　　　　陈中建　　刘松柏　　陈依敏　　陈　凌

　　　　喻春桂　　罗九玲

前　言

近年来，随着农业专业化、商品化的不断发展，特别是在农业产业化的推进过程中，在适应新的市场经济体制条件下，农村出现了一股新的合作发展潮流——组建农民专业合作社，它是以家庭经营为基础，以农民为主要成员，围绕某个产业或产品组织起来的，在技术、资金、购销、加工、储运等各环节开展互助合作的经济和技术组织，是农民自愿联合起来进行自我服务、自我发展、自我保护的一种行之有效的组织形式和经营模式。实践表明，农民专业合作经济组织对农村社会经济的发展产生了重大影响。发展农民专业合作组织，是市场经济条件下推进农业产业化经营的重要举措，是创新农村经营体制、提高农民组织化程度的有效方法，更是实现农业增效、农民增收，促进农村经济发展的重要途径。

本书对于指导农民专业合作社健康发展、规范经营具有重要参考的价值。详细介绍了农民专业合作社基础知识，农民专业合作社的组建程序，农民专业合作社的合并、分立、解散与清算，农民专业合作社的组织管理，合作社项目的选择，提供农业社会化服务，农民专业合作社的市场营销，农民专业合作社的财务管理，合作社扶持政策等内容。

编　者

2016 年 5 月

目　　录

模块一　农民专业合作社基础知识

第一节　农民专业合作社的概述

一、农民专业合作社的定义

农民专业合作社是在农村家庭承包经营基础上，同类农产品的生产经营者或者同类农业生产经营服务的提供者、利用者，自愿联合、民主管理的互助性经济组织。农民专业合作社以成员为主要服务对象，提供产前、产中、产后的技术、信息、生产资料购买和农产品的销售、加工、运输等服务。

二、农民专业合作社的性质

我国农民专业合作社在具备一般合作社自治性、自愿性、服务性、公益性等共同特征的基础上，作为独立的市场经济主体，具有法人资格，享有生产经营自主权，受法律保护，任何单位和个人都不得侵犯其合法权益，其特征如下所述。

1. 农民专业合作社是一种经济组织

近年来，我国各类农民专业经济合作组织发展很快，并呈现出多样性，但只有从事经营活动的实体型农民专业经济合作组织才是农民专业合作社。因此，社区性农村集体经济组织，如村委会和农村合作金融组织、社会团体法人类型的农民专业合作组织，如只从事专业的技术、信息等服务活动，不从事营利性经营活动的农业生产技术协会和农产品行业协会等不属于农民专业合作社。

2. 农民专业合作社建立在农村家庭承包经营基础之上

农民专业合作社是由依法享有农村土地承包经营权的农村集体经济组织成员，即农民自愿组织起来的新型合作社。加入农民专业合作社不改变家庭承包经营。

3. 农民专业合作社是自愿和民主的经济组织

任何单位和个人不得强迫农民成立或参加农民专业合作社，农民个人有退社自由；农民专业合作社的社员组织内部地位平等，实行民主管理，运行过程中始终体现民主精神。

4. 农民专业合作社是具有互助性质的经济组织

农民专业合作社以社员自我服务为目的，通过合作互助完成单个农户不能做、做不好的事情，对社员服务不以盈利为目的。

5. 农民专业合作社是专业的经济组织

农民专业合作社以同类农产品的生产或者同类农业生产经营服务为纽带，提供该类农产品的销售、加工、运输、贮藏、农业生产资料的购买，以及与该类农业生产经营有关的技术、信息等服务，其经营服务的内容具有很强的专业性，如粮食种植专业合作社、葡萄种植专业合作社等。

第二节　农民专业合作社的基本原则

农民专业合作社的基本原则体现了农民专业合作社的价值，是农民专业合作社成立时的主旨和基本准则，也是对农民专业合作社进行定性的标准，体现了农民专业合作社与其他市场经济主体的区别。只有依照这些基本原则组建和运行的合作经济组织才是《中华人民共和国农民专业合作社法》（以下简称《农民专业合作社法》）调整范围内的农民专业合作社，才能享受《农民专业合作社法》规定的各项扶持政策，这些基本原则贯穿于《农民专业合作社法》的各项规定之中。

按照《农民专业合作社法》第三条的规定，农民专业合作社应当遵循的基本原则有以下 5 项。

一、成员以农民为主体

为坚持农民专业合作社为农民成员服务的宗旨，发挥合作社在解决"三农"问题方面的作用，使农民真正成为合作社的主人，《农民专业合作社法》规定，农民专业合作社的成员中，农民至少应当占成员总数的 80%，并对合作社中企业、事业单位、社会团体成员的数量进行限制。

二、以服务成员为宗旨，谋求全体成员的共同利益

农民专业合作社是以成员自我服务为目的而成立的。参加农民专业合作社的成员，都是从事同类农产品生产、经营或提供同类服务的农业生产经营者，目的是通过合作互助提高规模效益，完成农民个人办不了、办不好、办了不合算的事。这种互助性特点，决定了它以成员为主要服务对象，决定了"对成员服务不以盈利为目的、谋求全体成员共同利益"的经营原则。

三、入社自愿、退社自由

农民专业合作社是互助性经济组织，凡是有民事行为能力的公民，能够利用农民专业合作社提供的服务，承认并遵守农民专业合作社章程，履行章程规定的入社手续的，都可以成为农民专业合作社的成员。农民可以自愿加入一个或者多个农民专业合作社，入社不改变家庭承包经营；农民也可以自由退出农民专业合作社，退出的，农民专业合作社应当按照章程规定的方式和期限，退还记载在该成员账户内的出资额和公积金份额，并将成员资格终止前的可分配盈余，依法返还给成员。

四、成员地位平等，实行民主管理

《农民专业合作社法》从农民专业合作社的组织机构和保证农民成员对本社的民主管理两个方面作了规范：农民专业合作社成员大会是本社的权力机构，农民专业合作社必须设理事长，也可以根据自身需要设成员代表大会（成员在 150 人以上）、理事会、执行监事或者监事会；成员可以通过民主程序直接控制本社的生产经营活动。

五、盈余主要按照成员与农民专业合作社的交易量（额）比例返还

盈余分配方式的不同是农民专业合作社与其他经济组织的重要区别。为了体现盈余主要按照成员与农民专业合作社的交易量（额）比例返还的基本原则，保护一般成员和出资较多成员两个方面的积极性，可分配盈余中按成员与本社的交易量（额）比例返还的总额不得低于可分配盈余的 60%，其余部分可以依法以分红的方式按成员在合作社财产中相应的比例分配给成员。

第三节　农民专业合作社的主要类型

一、农民专业合作社的主要类型

农民专业合作社的类型繁多，凡是以农民为主体，从事与农业有关的各种专业经营或服务活动的合作社，都属于农民专业合作社的范畴。农民专业合作社可根据不同的标准划分为不同的类型。

1. 按经营产业的范围划分

可以分为种植专业合作社，如粮食、油料、蔬菜、水果、

中药材等专业合作社；养殖业专业合作社，如畜牧业、水产业、特种养殖业等专业合作社；加工服务业专业合作社，如加工业、仓储业、运输业等专业合作社。

2. 按经营服务的内容划分

可以分为生产资料供应合作社、技术推广类合作社、产供销一体化专业合作社。

3. 按其创办者身份划分

可以分为农村能人型合作社、大户牵头型合作社、龙头企业带动型合作社、为农服务部门兴办型合作社、政府发起型合作社等。

4. 按其组建方式划分

可以分为农民自办型合作社、官办型合作社、官民结合型合作社等。

5. 按不同的组织规模划分

可以分为小型合作社、中型合作社、大型专业合作社。

6. 按组织层次划分

可以分为基层专业合作社和专业联合合作社。

二、农村合作经济组织的主要类型

（一）"龙头"企业带动型

即"公司＋农户"模式，通过龙头企业带动农户把分散的农户生产的产品集中起来，形成规模，实现农业产业化经营。农业产业化经营主要是指将农业生产向流通、加工环节及综合服务等领域延伸，形成农产品生产、收购、加工、贮藏、运输、销售（出口）和生产资料、消费资料供应以及提供市场信息等一体化的农村经营体制。20世纪90年代初，随着我国农村改革的不断深入，农业生产迅速发展，农产品极大丰富，农产品加工企业也随之迅速发展起来。在政府及有关职能部门的积极推动下，一些涉农企业为了稳定农产品原料市场，并寻求企业新的增长点，纷纷把经营触角伸向农业，参与农业产业化经营。这对提高农产品的商品率和市场化程度，促进农村经济的发展起了一定的作用。

但从总体情况看，近几年来，以龙头企业带动农业产业化经营效果不明显，农民增产不增收或增收幅度不大，最主要的问题是，在目前的"龙头"企业带动型模式中，农民没有真正成为农业产业化经营的主体，享受不到农业产业化经营带来的增值效益；"龙头"企业与农户之间缺乏有效的利益联结机制和风险制约机制，大多数"龙头"企业与农民的关系比较松散，基本上是企业与数个分散农户之间的一种买卖关系，难以有效提高农民进入市场的组织化程度，也很难保证在市场波动的时候企业有稳定的货源，农户有稳定的销路。

（二）新型合作经济组织带动型

这种类型的主要不同之处是以农民为主体，组建各类专业性协会或合作社带动农民进行商品化生产和流通。有些协会是以生产的产品来分类，如棉花协会、苎麻协会、养蜂协会等；有的则以行业分类，如植保协会、农资协会等。据统计，最多的时候全国有 140 多万个各类新型的合作经济组织，但真正运作规范的大约在 10% 以内，而且这个数字还是动态变化的。很多新发展的组织缺乏经验，缺少自有资金，又很少有固定资产，相当多的只是一个人的"皮包"公司，开展业务靠赊欠或下游商家的预付资金，经不起市场风浪的冲击。同时由于这些组织是新生事物，国家相关的法律法规不健全，因此，农民的利益得不到应有的保护，这种新发展起来的合作经济组织，目前在市场上还缺乏信用，拓展业务能力也有限，难以获得农民和社会的普遍信任与认同。

（三）改造传统合作经济组织带动型

供销合作社在中国有较长的发展历史，是中国目前组织体系、经营网络最大，服务功能相对比较健全的合作经济组织。

但改革开放后，虽然供销合作社从经营到办社体制上都进行了一系列的改革，但与农村经济的发展和农民合作经济组织的目标要求相比还有很大差距，其自身发展也陷入了进退两难的困难境地。

（四）农村集体经济组织

农村集体经济组织的性质特征主要有以下 3 个方面。

它是社会主义的经济组织。首先，它以社会主义公有制为基础，以土地为中心的主要生产资料为组织内农民集体所有，并以宪法和法律直接予以确认，是有中国特色社会主义在中国广大农村的经济基础和组织保证。其次，它适应中国农村在社会主义初级阶段的必然发展规律，能够适应农村生产力的发展和维护最广大农民群众的根本利益。

它是民事法律主体的其他组织。它依法律和政策规定而建立，有自己的名称、组织机构和场所，拥有独立的财产和自主进行生产经营的能力，并能在一定的财产范围内（土地所有权除外）独立承担民事责任，符合民事主体资格条件，具有民事权利能力和民事行为能力，与法人相似，但在设立程序和条件、终止条件、生产经营方式和目的、财产（主要是土地）处分、管理职能等方面却又不同于法人，作为民事主体，它有别于自然人和法人，只能把它作为其他组织对待。

它重合于农村基层自治组织。按照《村民委员会组织法》规定，农村基层自治组织虽然是村民委员会和其下设的村民小组，但在当前的农村基层组织中，农村集体经济组织与村民小组或村民委员会大多是同一机构，即两枚印章一套机构，二者决策机制相似，实践中职能相互重叠，特别是对农村基层社会的管理与服务，二者无法截然分开，具有"政社合一性"。

综上可见，农村集体经济组织既不同于企业法人，又不同于社会团体，也不同于行政机关，自有其独特的政治性质和法律性质。正是由于这种特殊性，决定着农村集体经济组织的职能作用及其成员的资格权利等重要内容。

（五）股份合作经济组织

股份合作制是采取了股份制某些做法的合作经济，是社会主义市场经济中集体经济的一种新的组织形式。它兼有股份制的某些特点，具有新型集体经济的某些性质，是当前城乡集体经济的一种重要形式，它比较适合于小型企业。在股份合作制组织中，劳动合作和资本合作有机结合。劳动合作是基础，职工共同劳动，共同占有和使用生产资料，利益共享，风险共担，实行民主管理，企业决策体现多数职工意愿。资本合作则采取股份制的形式，是职工共同为劳动合作提供的条件，职工既是劳动者，又是企业出资人。企业实行按劳分配与按股分红相结合的分配方式。例如土地股份合作组织，实际上是在坚持农户土地承包权长期不变的基础上，放活土地经营权，以股份的形式进一步明确和完善了农户承包权的收益功能，使其成为取得集体二次分配的依据，集体资产实际上的出资人——社员，能够按其资产占有份额直接分享到相应的集体剩余分配权。可以认为，社区土地股份合作制是目前农村土地集体所有制条件下，在社区范围内兼顾公平与效率的一个好办法。合作制遵循的是一人一票原则，在企业内部，职工入股的份额一般差异不大，在决策问题时大家是平等的。

（六）股份制经济组织

股份制是现代企业的一种资本组织形式，是社会化大生产和商品经济发展的产物。实行股份制的企业通过法定程序向公众发行股票，筹集资本，公司资本划成若干等额的股份，以股票形式上市出售。实行股份制，有利于所有权和经营权的分离，有利于提高企业和资本的运作效率。股份制遵循的是股权原则，谁购的股票多，谁的发言权就大，这样才有控股不控股的问题。

第四节　发展农民专业合作社的基本功能

实践证明，农民专业合作社是解决"三农"问题的一个重要途径，是发展现代农业、建设社会主义新农村、构建农村和谐社会的一个重要组织基础，也为落实国家对农业的支持保护政策提供了一个崭新的渠道。依法促进农民专业合作社的建设和发展，有利于进一步丰富和完善农村经营体制，推进农业产业化经营，提高农民进入市场和农业组织化程度；有利于进一步挖掘农业内部增收潜力，推动农业结构调整，增强农产品市场竞争能力，促进农民增收；有利于进一步提高农民素质，培养新型农民，推进基层民主管理，构建农村和谐社会，建设社会主义新农村。

一、提高农民的市场竞争能力和谈判地位，有效地增加了农民收入

如黑龙江省某地，许多农民种植万寿菊，以前加工企业从农民手中收花时，平均扣杂税率达到32%。后来农民自己组织了万寿菊生产协会，产品集中起来了，协会与加工企业协调，争取到了杂扣税率最高不超过10%的交易条件，仅此一项，就使参加协会的花农每年增收50万元。

二、实行标准化生产，保障农产品质量安全，提高农产品品质，增强了市场竞争能力

农民专业合作社将农民组织起来，提高农业生产的组织化程度，通过开展农业标准化生产，获得了无公害农产品、绿色食品、有机食品生产基地认证，注册了商标品牌，提高了农产品的质量水平，显著地增强了农产品的市场竞争力。如浙江某地，有一个西兰花产业合作社，制定了西兰花生产技术操作规

程、质量安全管理守则等规章制度，统一了生产、用药、施肥等环节，实现从生产到销售的规范化操作程序，产品质量有了可靠保证，还统一注册了商标，现在产品已经稳定地出口。

三、带动农业结构战略性调整，推动形成了"一村一品"的产业格局

农民专业合作社围绕当地的特色产业、优势产品，组织农民专业化生产、规模化经营，有效地促进了特色区域经济的发展，涌现出一大批柑橘村、苹果村、茶叶村、苎麻村、辣椒村、甘蓝村、花卉村、奶牛村、养羊村、养猪村、珍珠村等农业村、专业乡，甚至专业县，形成各具特色的产业带、产业群，推动了"一村一品，一品一社"的发展。地处洞庭湖西滨的湖南省汉寿县，在一批珍珠养殖专业合作经济组织的带领下，全县已有1万多农户参与珍珠养殖开发，形成了50多个珍珠村，辐射全县89个渔场和160多个村；合作组织还专业联合制定了全县统一的《淡水无核珍珠养殖技术规范》，建立了湖南省第一家珍珠专业市场，以"珍珠姑娘"品牌为主的30多种珍珠深加工产品销往北京、香港、澳门以及东南亚、欧美等海外市场；全县珍珠产业年产值达5亿多元，有6 000多农户通过发展珍珠产业建起了楼房，50多位珍珠养殖大户开上了小汽车。

四、拓宽农业社会化服务渠道，提高农民素质，培养了新型农民

农民专业合作社成为人才培训基地，技术推广基地，信息发布基地。农民专业合作社为成员统一提供系列化服务，许多合作社直接到科研院所、大学请专家、教授给成员传授先进实用农业科学技术，解决了政府包不了、村集体办不了、农民又迫切需要的大问题。农户成员通过共同制定各项规章制度，增

强了遵纪守法的自觉性，培养了集体主义观念；成员在合作组织中有了更为明确的生产和生活目标，激发了农民干事为创业的积极性；由于有相同的目标，面临同样的困难，使得农户成员常常相互交流经验，相互学习，共同解决难题，不仅提高了农民运用农业科技的能力和水平，还提高农民互相理解、互相支持的合作意识。

五、便于农民更直接有效享受国家对农业、农村和农民扶持政策

面对分散的农户经营，政府支农政策很难落实，影响支农资金的使用效果。成立农民专业合作社以后，支农政策可以面向组织，能够使有限的资金发挥更好的作用，便于农民更直接有效地享受国家的扶持政策。

现在，国家高度重视发挥农民专业合作在促进农民增收、发展农业生产和农村经济中的作用，为了支持、引导农民专业合作社的发展，2006 年 10 月 31 日第十届全国人大常委会第二十四次会议通过了《中国人民共和国农民专业合作社法》，2007 年 7 月 1 日起实施。更为合作社创造了良好的外部发展环境，明确了合作社的市场主体地位，这是我国首次以法律的形式规范和发展农民专业合作经济组织。农民专业合作社将创新农村经营体制和机制，建立农村新型服务体系，农民专业合作社为农业增效、农民增收，为现代农业和农村经济发展带来广阔的前景。

第五节　农民专业合作社的作用

一、优化农村产业结构

通过农民专业合作社，农民既可以联合起来从事种植业、养殖业，促进农业的专业化、规模化、标准化、机械化生产经营，也可以联合起来从事农产品加工业，提高农产品的附加值，还可以联合起来从事农用生产资料的购买、农业机械的租赁、农产品的贮藏和销售、农业技术信息服务等第三产业。因此，农民专业合作社的发展，不仅会促进第一产业的发展，还会促进农村第二、第三产业的发展，从而优化农村产业结构。

二、丰富家庭联产承包经营制度

参加农民专业合作社的农民在生产环节仍然以户为单位，在流通、加工等环节进行合作，将农民生产的农产品和所需要的服务集聚起来，以规模化的方式进入市场。这种农民"生产在家，服务在社"的方式可以很好地解决家庭经营与市场经济的衔接问题，有效地解决政府"统"不了、部门"包"不了、单家独户"干"不了的难题，是对农村基本经营制度的丰富、发展、完善和创新，有利于家庭联产承包经营制度的长期稳定。

三、提高农业科技水平

如今，农民对农业科技的需求相当迫切，农民专业合作社把服务农户生产经营活动作为主要目标，通过引进新技术、新品种，开展技术培训，传播科技知识，制定生产技术规程，统一产品质量标准等，带领农民学科技、用科技，实行专业化、标准化生产，农民更易接受，效果更为直接，作用更为明显。这样可以加快农技推广速度、增加农产品的科技含量，从而提升农业科技水平。

四、增加农民收入

农民通过组建专业合作社参与农业产业化经营，主要有3种方式。第一种是"合作社＋农户"，主要由能人大户或技术干部领办，一般从事除深加工以外的产前、产中、产后生产经营服务，与普通农民成员的利益联结比较紧密。第二种是"龙头企业（或其他经济组织）＋合作社＋农户"，在这种方式中，龙头企业可以通过合作社规范和约束农户的行为，获得更加稳定的原料来源，降低交易成本；农户则可以通过合作社提高自己在与龙头企业交易时的谈判地位，在价格形成、利润分配等问题上获得更多的发言权。这种方式既可以充分利用龙头企业的资金、技术、管理和信息等方面的优势，又可以较好地反映农民的利益要求，实现企业发展和农民致富的双赢。第三种是"合作社＋企业＋农户"，在这种方式中，合作社成为兴办农产品加工等企业的主体，合作社自己兴办的企业与农户成为真正的利益共同体，农民通过合作社这种组织形式开展加工、销售等经营活动，可以最大限度地享受到农产品加工和销售环节的利润。

五、保护农民利益

随着市场经济的发展，流通领域的势力范围逐步扩大。由于农民采取分散的家庭经营而非企业化运作，农业的大部分利润被中间商赚取。农产品供应链各环节的谈判控制权逐步从生产部门转向加工、销售部门。单门独户的农民，由于受限于能力和资源，抵御风险能力弱，成为整个农业生产链条中最脆弱的群体。然而，在自愿、平等基础上建立起来的农民专业合作社，如果按照"利益均沾、风险共担"的原则把分散的农户组织起来，由集合较多资源的组织去应对个人所无法承担的风险，既可避免生产的盲目性和同构性，又能发挥整体效用，从而保护农民利益。

六、提升农产品的市场竞争力

在市场竞争中，农业作为弱质产业，要面临自然和市场双重风险，分散的农户在信息、资金、生产规模等方面都与大市场不对称，抵御风险的能力弱，直接后果就是市场竞争力不强。农民专业合作社在组织农户、农企的产品进入市场时，采取统一的品牌、统一的标准、统一的质量、稳定的批量供货，既能在一定程度上提高农户的农产品价格，又能使加工企业和市场得到充足而高质量的货源，使一家一户的小生产和千变万化的大市场进行了有效对接。这有利于整合农业资源，形成合力，改变以弱小个人面对强大市场的不利状况，从而提升农产品的市场竞争力。

模块二　农民专业合作社的组建程序

关于农民专业合作社组建程序的有关规定，总体体现了简便易行、方便农民和扶持发展的原则。因为新法新规的规范要适度，在发展中逐步规范，有的规范宜粗不宜细，有的条件宜宽不宜严，如农民专业合作社成员出资及出资总额的规定、法律责任中未规定罚款等。

第一节　农民专业合作社设立的条件

《农民专业合作社法》第十条规定了农民专业合作社的设立条件：①有5名以上符合《农民专业合作社法》规定的成员；②有符合《农民专业合作社法》规定的章程；③有符合《农民专业合作社法》规定的组织机构；④有符合法律、行政法规规定的名称和章程确定的住所；⑤有符合章程规定的成员出资。

一、成员资格要求

（一）成员资格的基本要求

农民专业合作社的成员可分为自然人成员和单位成员。自然人成员包括农民成员和非农民成员。但是，不允许单纯的投资股东成为成员，具有管理公共事务职能的单位不得加入农民专业合作社。

法律规定，具有民事行为能力的公民，以及从事与农民专业合作社业务直接相关的生产经营活动的企业、事业单位或者社会团体，能够利用农民专业合作社提供的服务，承认并遵守农民专业合作社章程，履行章程规定的入社手续的，可以成为农民专业合作社的成员。允许企业、事业单位或者社会团体依照规定加入农民专业合作社，主要是考虑到：我国农民专业合作社处于发展的初级阶段，规模较小、资金和技术缺乏、基础设施落后、生产和销售信息不畅通，对合作社来说，吸收企业、事业单位或者社会团体入社，有利于发挥它们资金、市场、技术和经验的优势，提高合作社自身生产经营水平和抵御市场风险的能力，同时也可以方便生产资料购买和农产品的销售，增加农民收入。

这里讲的"企业、事业单位或者社会团体"，限定在从事与农民专业合作社业务直接相关的生产经营活动（包括农产品生产、运输、贮藏、加工、销售及相关服务活动）的单位。《农民专业合作社法》第十四条明确规定，具有管理公共事务职能的单位不得加入农民专业合作社。如经管站、农业植保站、农业技术推广站、畜牧检疫站、农机监理站以及卫生防疫站、水文检测站等都是具有管理公共事务职能的单位。《农民专业合作社法》排除了具有管理公共事务职能的单位成为农民专业合作社成员的可能性，是因为这些单位面向社会提供公共服务，保持中立性与否将影响公共管理和公共服务的公平。例如，某乡的兽医站在公众服务和经营性职能没有分开之前加入了某个奶牛合作社，该合作社就有可能比其他合作社和那些没有入社的本辖区农民获得优先服务，如免疫，这样就违背了兽医站依法依据其职责提供服务的义务，对本地其他奶农而言是不公平的。同时，企业、事业单位或者社会团体的分支机构也不得作为农民专业合作社的成员。

根据国家工商行政管理总局文件《关于村民委员会是否可以成为农民专业合作社单位成员等问题的答复》明确规定，村民委员会不能成为农民专业合作社单位成员。因为《村民委员会组织法》第二条规定：村民委员会是村民自我管理、自我教育、自我服务的基层群众性自治组织，办理本村的公共事务和公益事业。因此，村民委员会具有管理公共事务的职能。

(二) 成员比例要求

农民专业合作社的成员数量要求必须在 5 人以上。农民至少应当占成员总数的 80%。成员总数 20 人以下的，可以有一个企业、事业单位或者社会团体成员；成员总数超过 20 人的，企业、事业单位和社会团体成员不得超过成员总数的 5%。

这就意味着，农民专业合作社成员数量的最低限额是 5 名，其中，农民成员数量的最低限额是 4 名。成员比例的规定既保证农民专业合作社成员以农民为主体，又可以吸纳非农民成员和企业、事业单位及社会团体成员。吸纳非农民成员和企业、事业单位及社会团体成员，有利于发挥他们资金、市场、技术和经验等方面的优势。

(三) 成员资格的证明

农民成员应当提交农业人口户口簿复印件，因地方户籍制度改革等原因不能提交农业人口户口簿复印件的，可以提交居民身份证复印件，以及土地承包经营权证复印件或者村民委员会出具的身份证明。非农民成员应当提交居民身份证复印件。企业、事业单位或者社会团体成员应当提交其登记机关颁发的企业营业执照或者登记证书复印件。

根据 2008 年 6 月 6 日国家工商行政管理总局文件《关于村民委员会是否可以成为农民专业合作社单位成员等问题的答复》(工商个函字〔2008〕156 号) 明确规定，具有城镇户口的、未实行土地承包经营的农垦系统职工不能以农民身份加入农民专业合作社。

二、组织机构基本要求

农民专业合作社通常由以下几个组织机构组成。

（一）成员大会

它是合作社的最高权力机构。成员总数超过150人的，可以根据章程规定，由成员代表大会行使成员大会职权。合作社的发展战略决策、理事（长）、执行监事、监事会成员的选举、分配方案及合作社章程制订和修改等重大事项，都要经过成员大会或成员代表大会讨论、投票表决通过。

【经典案例】

×市×县×柑橘产销专业合作社设立大会纪要

一、设立大会召开时间：×年×月×日

二、设立大会召开地点：×市×县×乡×村×号

三、设立大会到会情况：应到　人，实到　人

四、经全体设立人一致表决通过下列事项：

1. 全体设立人一致表决通过《×市×县×柑橘产销专业合作社章程》；

2. 选举×××　（住所：×市×县×乡×村×号，身份证号码：＊＊＊＊＊＊＊＊＊＊＊＊＊＊＊＊＊＊）为×市×县×柑橘产销专业合作社理事长，为本社法定代表人。

全体设立人签名或盖章：

×年×月×日

（二）理事会

理事会是合作社的执行机构，对成员（代表）大会负责，成员（代表）大会讨论通过的合作社重要决策通过理事会来贯彻执行，合作社的重大事项由理事会提出决策建议后，交成

员（代表）大会讨论决定，理事会根据章程规定，聘用经理等经营管理人员。

（三）监事会

农民专业合作社可以设执行监事或者监事会（理事长、理事、经理和财务会计人员不得兼任监事）。监事会是合作社的监督机构，由成员大会直接选举产生，代表全体成员监督检查合作社的账务及理事会的工作，并向成员（代表）大会报告。

（四）经营机构

指经营管理层和业务机构。经理对理事会负责，具体负责合作社的日常经营管理业务，将理事会制订和成员（代表）大会通过的决策贯彻到日常经营工作中，制订具体的工作方案，并加以实施。理事长或者理事也可以兼任经理。

（五）业务机构

通常由财务审计部、生产技术部、市场营销部和基地开发部等组成。对于规模较小的专业合作社，可以不设立业务机构，只设业务人员担任相应的业务工作。经营机构的设置可由理事会根据章程决定。

第二节　确定业务范围

农民专业合作社是同类农产品生产经营者，或者同类农业生产经营服务提供者、利用者自愿组织起来，最终实现共同经济目的的合作经济组织。农民专业合作社的业务范围主要包括以下几个方面。

以农村家庭承包经营为基础，以其成员为主要服务对象，提供农业生产资料的购买，农产品的销售、加工、运输、贮藏以及与农业生产经营有关的技术、信息等服务。

农民专业合作社应当在工商机关登记注册的业务范围内开展经营活动。对从事业务范围以外经营活动的，由登记机关责令改正；情节严重的，吊销营业执照。

第三节　核定农民专业合作社的名称和住所

一、名称的要求

农民专业合作社作为法人，与自然人一样，是权利义务关系的主体，应当有自己的名称，以便于明确主体的标志和权利义务的归属。农民专业合作社名称在设立登记时作为登记事项之一，在经过登记机关登记后，就成为农民专业合作社的法定名称，它是该农民专业合作社区别于其他农民专业合作社以及其他组织的标志。

农民专业合作社名称依次由行政区划、字号、行业、组织形式组成。名称中的行政区划是指农民专业合作社住所所在地的县级以上（包括市辖区）行政区划名称。名称中的字号应当由 2 个以上的汉字组成，可以使用农民专业合作社成员的姓名作字号，不得使用县级以上行政区划名称作字号。名称中的行业用语应当反映农民专业合作社的业务范围或者经营特点。名称中的组织形式应当标明"专业合作社"字样。名称中不得含有"协会""促进会""联合会"等具有社会团体法人性质的字样。组织形式标明"专业合作社"字样，主要是为了与其他类型农民专业合作组织的名称相区别，也区别于各类企业的名称，有利于公众识别农民专业合作社这类新的市场主体。

农民专业合作社只准使用一个名称，在登记机关辖区内不得与已登记注册的同行业农民专业合作社名称相同。经登记机关依法登记的农民专业合作社名称受法律保护，该农民专业合作社在规定的范围内享有其名称的专用权。农民专业合作社名称未经登记机关核准，不得擅自变更。

二、住所的要求

农民专业合作社的住所是指经登记机关依法登记的农民专业合作社的主要办事机构所在地。农民专业合作社的住所经登记机关依法登记后，具有法律效力。它是法律文书的送达地，是向社会公示的内容之一。

从农民专业合作社的组织特征、交易特点出发，不必苛求其要有一个专属于自身的法定场所，只要是章程确定的住所，即使是某个成员的家庭住址也可以登记为其住所地。农民专业合作社可以有多个办事机构或者经营场所，但农民专业合作社的住所只能有一个，且应当是农民专业合作社的主要办事机构所在地。农民专业合作社必须对其住所的场所享有所有权或者使用权。

农民专业合作社的住所应当在其登记机关的辖区内，这是登记机关对该农民专业合作社进行登记管理的依据。农民专业合作社的住所经登记机关依法登记后，具有法律效力。农民专业合作社的住所未经登记机关核准，不得擅自变更。

三、经营场所使用证明

以农民专业合作社成员自有场所作为经营场所的，应提交该分支机构有权使用的证明和场所的产权证明；租用他人场所的，应当提交租赁协议和场所的产权证明；因场所在农村没有房管部门颁发的产权证明的，可提交场所所在地村委会出具的证明；或者其他能够证明该分支机构对其经营场所享有使用权的证明文件。填写经营场所应当标明经营场所所在县（市、区）、乡（镇）及村、街道的门牌号码。

四、关于成员出资的规定

成员出资及出资总额是农民专业合作社登记管理最关键的一个问题。《农民专业合作社登记管理条例》（以下简称《条例》）对农民专业合作社成员出资种类、出资认定方式以及成员出资总额做出原则性规定。明确成员的出资通常具有两个方面的意义：一是以成员出资作为组织从事经营活动的主要资金来源，二是明确合作社对外承担债务责任的信用担保基础。《农民专业合作社法》规定成员是否出资以及出资方式、出资额均由章程规定。

（一）农民专业合作社成员出资的种类

农民专业合作社成员可以用货币出资，也可以用实物、知识产权等能够用货币估价并可以依法转让的非货币财产作价出资，如房屋、农业机械、注册商标等。成员不得以劳务、信用、自然人姓名、商誉、特许经营权或者设定担保的财产等作价出资。

《条例》未规定成员可以用土地承包经营权作价出资。其原因：《中华人民共和国物权法》已于 2007 年 3 月 16 日公布，自 2007 年 10 月 1 日起施行。中共中央办公厅关于《中华人民共和国物权法》有关情况的通报中指出："关于土地承包经营权、宅基地使用权的转让和抵押能否放开的问题，考虑到我国地少人多，应当实行最严格的土地管理制度。目前，全国农村社会保障体系尚未全面建立，土地承包经营权和宅基地使用权是农民安身立命之本，从全国范围看，现在放开土地承包经营权、宅基地使用权的转让和抵押的条件尚不成熟。"所以，在目前情况下，不宜提倡农民专业合作社的农民成员用土地承包经营权作价出资，特别是农民专业合作社的成员出资额及成员出资总额没有最低限额，要引导农民成员用其他非货币财产作价出资。对农民成员申报用土地承包经营权作价出资的，登记机关应当做好宣传、解释工作，讲清利害关系，并妥善处理。

（二）农民专业合作社成员出资的认定方式

农民专业合作社的成员以非货币财产出资的，由全体成员评估作价。这一规定与《中华人民共和国公司法》"股东缴纳出资后，必须经依法设立的验资机构验资并出具证明"的规定截然不同；与新的《中华人民共和国合伙企业法》"需要评估作价的，可以由全体合伙人协商确定，也可以由全体合伙人委托法定评估机构评估"的规定也有所区别。农民专业合作社的出资认定的制度与公司及企业法人的注册资本验资制度相比，成本很低，简便易行，有利于促使农民专业合作社在最简便的资产基础上尽快建立起来，从而促进农民专业合作社发展。

（三）农民专业合作社的成员出资总额

成员的出资额及出资总额应当以人民币表示。成员出资额之和为成员出资总额。成员出资总额是农民专业合作社的登记事项，在一定程度上反映农民专业合作社的出资规模。

（四）成员出资清单

设立农民专业合作社应当填写并提交《农民专业合作社成员出资清单》（该出资清单共2页：出资清单、填写须知），其范本见下页。

申请设立农民专业合作社，应当向登记机关提交成员出资清单。成员出资清单应当载明成员的姓名或名称、出资方式、出资额以及成员出资总额，并经全体出资成员签名、盖章予以确认。填写的注意事项：①出资方式：农民专业合作社成员以货币作为出资的填写"货币"。以实物、知识产权等可以用货币估价并可以依法转让的非货币财产作为出资的，填写非货币财产的具体种类，如房屋、农业机械、注册商标等。②出资额是成员以货币出资的数额，或者成员以非货币财产出资由全体成员评估作价的货币数额。③成员出资额之和为成员出资总额。④出资成员是自然人的由其签名，是单位的由其盖章。单位盖章可以加盖在出资清单的空白处。

对农民专业合作社提交的成员出资清单材料内容齐全、符合法定形式的，登记机关以出资清单载明的成员出资总额的人民币数额，核定农民专业合作社的成员出资总额。

农民专业合作社成员出资清单范本

序号　　项目	出资成员姓名或名称	货币出资额（元）	非货币出资额（元）	出资成员签名或盖章

成员出资总额：_____（元）

法定代表人签名：

年　月　日

第四节　制定农民专业合作社章程

加入农民专业合作社的成员必须遵守农民专业合作社章程。农民专业合作社章程是农民专业合作社在法律法规和国家政策规定的框架内，由本社的全体成员根据本社的特点和发展目标制定的，并由全体成员共同遵守的行为准则。制定章程是农民专业合作社设立的必要条件和必经程序之一。必须经全体设立人一致通过，才能形成章程。章程应当采用书面形式，全体设立人在章程上签名、盖章。

一、制定农民专业合作社章程的意义

（一）书面表达合作社成员共同意志

农民专业合作社作为由成员共同出资组成的一个联合体，

特别是在那些成员人数较多的情况下，成员之间需要对合作社的组织和行为规范有共同的约定，形成共同意志，对合作社、成员、理事长、理事、执行监事或者监事会成员具有约束力。

（二）规范合作社的行为

合作社是一个新生的互助经济组织，对外需要开展经营追求盈利，对内需要提供统一服务。因此，在激烈的市场竞争中，必须有适合其自身特点的章程、制度和运营机制。合作社是在章程不断完善、制度不断规范、运营机制不断创新中发展壮大的。

（三）对外说明基本情况

农民专业合作社作为独立的法人，依法设立以后需要开展生产经营活动，要与社会产生联系，这就需要向外界说明合作社的基本情况，如业务范围、成员构成、组织体制等。而制定合作社章程，并通过适当方式予以公布，让社会知道，有利于社会公众了解农民专业合作社。

二、农民专业合作社章程的主要内容

根据《农民专业合作社法》第十二条规定，农民专业合作社章程应当载明下列事项。

（1）名称和住所。

（2）业务范围。

（3）成员资格及入社、退社和除名。

（4）成员的权利和义务。

（5）组织机构及其产生办法、职权、任期、议事规则。

（6）成员的出资方式、出资额。

（7）财务管理和盈余分配、亏损处理。

（8）章程修改程序。

（9）解散事由和清算办法。

（10）公告事项及发布方式。

（11）需要规定的其他事项。

三、农民专业合作社的业务范围

农民专业合作社的业务范围是指经登记机关依法登记的农民专业合作社所从事的行业、生产经营的商品或者服务项目。农民专业合作社的业务范围应当由农民专业合作社全体设立人在法律、行政法规允许的范围内确定，由农民专业合作社的章程规定并经登记机关依法登记。农民专业合作社的业务范围经登记机关依法登记后具有法律效力，它直接决定并反映农民专业合作社的权利能力和行为能力，农民专业合作社要严格遵守，不得擅自超越或者随意改变。

农民专业合作社的业务范围以农村家庭承包经营和围绕承包经营活动开展服务。登记机关应当按照下列原则核定农民专业合作社的业务范围：对申请人根据其章程提出的申请，依据《农民专业合作社法》和《条例》的有关规定核定其业务范围，如组织采购、供应成员所需的农业生产资料；组织收购、销售成员及同类生产经营者的产品；开展成员所需的农产品的加工、运输、贮藏等服务；引进新技术、新品种，开展与农业生产经营有关的技术培训、技术交流和信息咨询服务等。涉及登记前置许可的经营项目，如"种子生产经营""种畜禽生产经营"等，应当按照国家有关部门许可或者审批的经营项目核定业务范围。不涉及登记前置许可的经营项目，根据申请人的申请，还可以参照国民经济行业分类标准的中类或者小类核定业务范围。

关于农民专业合作社业务范围能否核定从事种植业、养殖业的生产经营，各方面有不同的看法和认识。从法律层面看，《农民专业合作社法》第四十九条规定："国家支持农业和农村经济的建设项目，可以委托和安排有条件的有关农民专业合作社实施。"第五十条规定："对民族地区、边远地区的农民专业合作社和生产国家与社会急需的重要农产品的农民专业合作社给予优先扶持。"第五十二条规定："农民专业合作社享受国家规定的对农业生产、加工、流通、服务和其他涉农经济活动相应的税收优惠。"从现实层面看，据农业部统计，在现有的15万多个农民专业合作经济组织中，从事种植业生产经营的占47.6%，畜牧业占24.7%，渔业占5.1%，种养业合计占77.4%，有11万多户。如果不将他们纳入《农民专业合作社法》和条例调整的范畴，将严重影响农民专业合作社的发展。所以，对农民专业合作社申请从事种养业的生产经营，登记机关应当本着宜宽不宜严、宜粗不宜细的原则核定其业务范围。

四、农民专业合作社的法定代表人

农民专业合作社的法定代表人是指代表农民专业合作社行使职权的负责人。农民专业合作社理事长为农民专业合作社的法定代表人。

农民专业合作社理事长依法由农民专业合作社成员大会从本社成员中选举产生，依照《农民专业合作社法》和章程行使职权，对成员大会负责。农民专业合作社的成员为企业、事业单位或者社会团体的，企业、事业单位或者社会团体委派的代表经农民专业合作社成员大会依法选举，可以担任农民专业合作社理事长。

《农民专业合作社法》第三十条规定"农民专业合作社的理事长、理事、经理不得兼任业务性质相同的其他农民专业合作社的理事长、理事、监事、经理"。第三十一条规定："执行与农民专业合作社业务有关公务的人员，不得担任农民专业合作社的理事长、理事、监事、经理或者财务会计人员。"所以，农民专业合作社的法定代表人在《农民专业合作社设立登记申请书》中的《农民专业合作社法定代表人登记表》内，要做出书面承诺："本人符合《农民专业合作社法》第三十条、第三十一条的规定，并对此承诺的真实性承担责任。"

第五节　召开农民专业合作社设立大会

依法登记是农民专业合作社开展生产经营活动并获得法律保护的必要条件。成立农民专业合作社，应当有 5 名以上成员，有符合《农民专业合作社法》规定的章程和组织机构，有确定的住所，有符合章程规定的成员出资，即股金。具备这些条件后，根据《农民专业合作社法》第十三条规定，设立农民专业合作社，就可以向当地工商行政管理部门办理登记手续。《农民专业合作社法》第十三条还规定，农民专业合作社登记办法由国务院规定，并明确办理登记不得收取费用。

《关于农民专业合作社登记管理的若干意见》共计 21 条，从登记管理的实际出发，对需要细化的规定和规范的事项予以明确。如明确规定了农民专业合作社在农村的住所没有房管部门颁发的产权证明，可提交村民委员会出具的证明；明确了登记机关对成员出资总额进行审查；对分支机构的登记事项、程序及提交的文件做出规范；对备案的程序做出规范；对《条例》施行前设立的农民专业合作社的登记提出指导性意见等。《农民专业合作社登记文书格式规范》分为申请类、审核类、通知类及备案类四大类共计 27 种登记表格和文书。为了方便农民专业合作社申请登记，设计了"提交文件目录"，既有利于申请人提交申请材料齐全、符合法定形式的文件，又有利于登记机关的受理、审查和当场登记。另外，还设计了"填写登记申请书须知"，具体介绍申请项目的内涵、填写的注意事项等，方便农民专业合作社申办者，有利于提高登记管理和服务工作的质量与效率。

一、登记基本程序

登记程序由申请、审查、核准发照以及公告等几个阶段组成。

从申请人的角度看，设立农民专业合作社，一般要经过以下步骤。

第一步：召开设立大会。

第二步：咨询后领取并填写《农民专业合作社（分支机构）名称预先核准申请书》，同时准备相关材料。

第三步：递交《农民专业合作社（分支机构）名称预先核准申请书》及相关材料，领取《名称登记受理通知书》等待名称核准结果。

第四步：领取《名称预先核准通知书》，同时领取《农民专业合作社设立登记申请书》等有关表格，准备其他登记文件；经营范围涉及前置审批的，办理相关审批手续。

第五步：递交申请材料，材料齐全后领取《准予设立登记通知书》。

第六步：按《准予设立登记通知书》确定的日期领取营业执照。

二、召开设立大会

根据《农民专业合作社法》，设立农民专业合作社应当召开由全体设立人参加的设立大会。设立时自愿成为该农民专业合作社成员的人，即为设立人，参加设立大会。召开设立大会的目的，就是为了决定设立农民专业合作社的有关事项，以使农民专业合作社能够及时登记，依法成立。

（一）设立大会的召开与参加人

召开设立大会，应当在设立大会召开之前的一定期限内，将举行设立大会的日期、议程等事项，及时通知所有设立人，以使设立人按期参加设立大会。在通知确定的日期举行设立大会时，应当对出席设立大会的设立人进行核对，确认其设立人资格。需要注意的是，设立大会必须由全体设立人参加，方可举行。设立人是自然人，无法亲自出席会议的，可以委托他人出席，但应当向设立大会提交书面委托书；设立人是法人等组织的，出席人应当向设立大会提交其受权出席的书面证明。

（二）设立大会的职权

设立大会行使三项职权。

（1）通过章程。设立大会的一项主要职权，就是通过农民专业合作社章程，即制定章程。法律特别明确地规定，农民专业合作社章程应当由全体设立人一致通过，即全体设立人全部同意，方为通过。要求全体设立人一致通过章程，具有重要意义：章程所记载的事项，可以分为必备事项和任意事项。必备事项是法律规定在农民专业合作社章程中必须记载的事项，或称绝对必要事项，包括名称、业务范围、成员资格及入社、退社和除名，成员的出资方式、出资额、成员的权利义务、组织机构及其产生办法、职权、任期、议事规则，财务管理和盈余分配、亏损处理、章程修改程序、解散事由和清算办法、公告事项及发布方式等事项。任意事项是由农民专业合作社自行决定是否记载的事项。一致通过，表明章程的制定取得了全体设立人的一致意见，是全体设立人的共同意思表示，体现了全体设立人的共同意志。

（2）选举产生理事长、理事、执行监事或者监事会成员。

（3）审议其他重大事项。主要是指设立大会对农民专业合作社设立过程中的一些关系重大、涉及全体设立人权益的事项，如设立费用等，进行审议。

三、名称预先核准

农民专业合作社业务范围涉及登记前置许可以及需要名称预先核准的，应当在设立登记前向登记机关申请农民专业合作社名称预先核准。农民专业合作社申请名称预先核准，应当向其住所所在地的登记机关提交：全体设立人指定代表或者委托代理人签署的《农民专业合作社名称预先核准申请书》；全体设立人签署的《指定代表或者委托代理人的证明》。

《农民专业合作社名称预先核准申请书》共 2 页：申请书、填写须知。申请书应当填写农民专业合作社的名称及备选名称，农民专业合作社业务范围、住所，设立人的姓名或名称、成员类型、证照类别及号码。登记机关准予名称预先核准的，出具《农民专业合作社名称预先核准通知书》。属于登记前置许可的，申请者应当以登记机关核准的名称报送有关部门批准。

农民专业合作社名称预先核准申请书

申请名称		
备选名称 （请选用不同的字号）	1.	
	2.	
业务范围		
住所		
设立人		
姓名或名称	成员类型	证照类别及号码
经办人签名： 　年　月　日 **注**：经办人为农民专业合作社全体设立人指定代表或者委托代理人		

农民专业合作社名称预先核准通知书

（ ）农社名预核字〔 〕第 号

根据《农民专业合作社登记管理条例》、《企业名称登记管理规定》的有关规定，同意预先核准下列设立人申请的农民专业合作社名称为：＿＿＿＿＿＿＿＿＿＿＿＿＿＿＿＿＿。

设立人：

以上预先核准的农民专业合作社名称保留期至＿＿＿＿年＿＿＿＿月＿＿＿＿日。在保留期内，名称不得用于经营活动，不得转让。预先核准的农民专业合作社名称未到登记机关完成设立登记的，保留期满后自动失效。有正当理由，需延长预先核准名称保留期的，申请人应在保留期满前 1 个月内申请延期。保留期延长时间不超过 6 个月。经登记机关设立登记，颁发营业执照后农民专业合作社名称正式生效。

（名称核准机关盖章）

核准日期： 年 月 日

四、设立登记申请

农民专业合作社设立登记申请书

名称	
备选名称 （请选用不同字号）	1.
	2.
住所	
	邮政编码　　　　　　联系电话
成员出资总额	（元）
业务范围	
法定代表人姓名	

（续表）

名称	
成员总数：（名） 其中：农民成员：＿＿＿＿＿＿＿（名）所占比例：＿＿＿＿＿＿＿% 企业、事业单位或社会团体成员：＿＿＿＿＿＿＿（名）所占比例：＿＿＿＿＿＿%	
本农民专业合作社依照《中华人民共和国农民专业合作社法》《中华人民共和国农民专业合作社登记管理条例》设立，提交文件材料真实有效。谨对真实性承担责任 　　　　　　　　　　　　　　法定代表人签名： 　　　　　　　　　　　　　　　　年　月　日	

五、领取营业执照

（一）获得营业执照的申请期限

《农民专业合作社法》对登记机关受理登记后的时间做出了明确限制，即登记机关应当自受理登记申请之日起20日内办理完毕，向符合登记条件的申请者颁发营业执照。这里的登记申请，包括了设立登记、变更登记和注销登记等，即从登记机关受理登记申请之日起开始计算，所有的登记工作应当在20个工作日内办理完毕。

（二）农民专业合作社营业执照的样式与内容

（1）《农民专业合作社法人营业执照》和《农民专业合作社分支机构营业执照》样式。《农民专业合作社法人营业执照》和《农民专业合作社分支机构营业执照》均设有正本和副本。正本为悬挂式，规格为420毫米×297毫米（A3）。副本为折叠式，规格为100毫米×138毫米。营业执照正本和副本均印有中华人民共和国国徽图案、"中华人民共和国国家工商行政管理总局制"字样和防伪标记。

（2）《农民专业合作社法人营业执照》和《农民专业合作

社分支机构营业执照》内容。《农民专业合作社法人营业执照》正本和副本均印有"农民专业合作社法人营业执照"字样。正本和副本均载明登记事项："名称""住所""法定代表人姓名""成员出资总额""业务范围"，还载明执照事项："注册号""登记机关"（发照机关）、"年月日"（发照日期）。《农民专业合作社分支机构营业执照》正本和副本均印有"农民专业合作社分支机构营业执照"字样。正本和副本均载明登记事项："名称""经营场所""负责人姓名""业务范围"，还载明执照事项："注册号""登记机关"（发照机关）"年、月、日"（发照日期）。

（3）民族自治地区的营业执照样式。按照《中华人民共和国民族区域自治法》的有关规定，民族自治地区的营业执照样式和内容同上，其内容可以加印相应的少数民族文字。清样由自治区工商行政管理局制定，报国家工商行政管理总局审批。

（4）营业执照注册号编制规则及管理。农民专业合作社营业执照注册号由15位码组成。其中第1位至第6位为登记机关所在地的行政区划代码；第7、第8位为识别码，农民专业合作社法人的识别码为NA，农民专业合作社分支机构的识别码为NB；第9位至第14位为数字顺序码，即登记机关赋予农民专业合作社或者农民专业合作社分支机构的顺序号；第15位为固定字母码X。登记机关依法登记农民专业合作社或者农民专业合作社分支机构核发营业执照时，执行上述注册号编制规则。营业执照注册号的其他管理工作，适用国家工商行政管理总局《关于下发执行〈工商行政管理注册号编制规则〉的通知》的有关规定。

六、变更与注销登记

《农民专业合作社法》明确规定了农民专业合作社法定登

记事项变更的，应当申请变更登记。农民专业合作社法定登记事项变更，主要是指：经成员大会法定人数表决修改章程的；成员及成员出资情况发生变动的；法定代表人、理事变更的；农民专业合作社的住所地变更的；以及法律法规规定的其他情况发生变化的。这些登记事项是对农民专业合作社的存在和经营影响很大的事项，直接影响着交易活动的正常开展和交易相对方的合法权益。如果农民专业合作社没有按照有关登记方法和规定进行变更登记，则须承担由此产生的法律后果。除法定变更事项外，合作社可以根据自身发展需要和情形对相关登记事项进行变更，以保证自身的正常发展以及维护交易相对人的知情权。

农民专业合作社变更登记审核表

注册号：_____

项目	原登记事项	登记变更事项	
名称			
住所		邮政编码	
		联系电话	
成员出资总额	（元）	（元）	
业务范围			
法定代表人姓名			

（续表）

项目	原登记事项	登记变更事项
受理意见	受理人员签名：	年　月　日
核准意见	核准人员签名：	年　月　日
准予变更登记通知书文号		

农民专业合作社注销登记提交文件目录

序号	文件名称	份数
1	清算组负责人或者法定代表人签署的《农民专业合作社注销登记申请书》	
2	农民专业合作社成员大会或者成员代表大会依法做出的解散决议	
	农民专业合作社依法被吊销营业执照或者被撤销的文件	
	人民法院的破产裁定、解散裁判文书	
3	成员大会或者成员代表大会确认的清算报告	
	人民法院确认的清算报告	
4	成员大会或者成员代表大会做出的债务清偿或者债务担保情况的说明	
5	《农民专业合作社法人营业执照》（正、副本）	

序号	文件名称	份数
6	清算组刊登公告的报纸或其复印件（依法免除公告义务的不提交）	
7	指定代表或者委托代理人的证明	
8	清算组织成员和负责人产生的文件及名单	
9	农民专业合作社分支机构准予注销通知书（有分支机构的须提交）	

第六节　农民专业合作社登记注册

《条例》对农民专业合作社登记管理最基本的内容做出了规定，但有些规定需要细化、补充，登记文书格式需要统一规范。为此，国家工商行政管理总局已于2008年6月21日出台了《关于农民专业合作社登记管理的若干意见》和《农民专业合作社登记文书格式规范》。

一、农民专业合作社的登记机关

新法新规明确规定农民专业合作社的登记机关是工商机关。工商机关履行职责，做好农民专业合作社登记和服务工作责无旁贷。一是基层工商机关要设立农民专业合作社登记的服务窗口和"绿色通道"，切实提高登记管理的工作效率和服务质量；二是工商机关应当建立、健全农民专业合作社登记管理数据库和信用分类监管制度，向公众及有关部门、组织提供查询服务，同时依法加强监督管理，各级工商机关要及时、定期向同级地方党委、政府报告农民专业合作社登记管理的有关情况；三是工商机关要充分发挥市场管理、商标管理、广告管理、合同管理和消费者权益保护等工商行政管理职能作用，建立、健全全方位支持农民专业合作社发展的服务平台，促进农民专业合作社又好又快的发展。

二、农民专业合作社的登记管辖

农民专业合作社的登记管辖是农民专业合作社应当由哪一个登记机关实施登记的制度。依据《条例》的规定，农民专业合作社的登记采取了地域登记管辖和级别登记管辖相结合的原则，即县（旗）、县级市工商局和地区（州、盟）、地级市工商局的分局，以及直辖市工商局的分局负责本辖区内农民专业合作社的登记。

国家工商总局负责全国的农民专业合作社登记管理工作，主要是制定有关农民专业合作社登记管理的规定及制度。省级工商局、地市级工商局依据自己的职权，负责本辖区内农民专业合作社登记管理工作。

依据《条例》的规定，国家工商总局可以对规模较大或者跨地区的农民专业合作社的登记管辖做出特别规定。这主要是为经营规模较大或者跨地区经营的农民专业合作社的登记管辖保留适当的调整空间，国家工商总局可以采取指定登记管辖原则做出特别规定。考虑目前农民专业合作社登记管理工作刚刚开始，缺乏实际经验，所以国家工商行政管理总局目前未对特殊情况的登记管辖做出特别规定。

三、农民专业合作社的登记事项

农民专业合作社的登记事项是指设立农民专业合作社时，需要经过登记机关依法登记的基本项目。农民专业合作社的登记事项包括：名称、住所、成员出资总额、业务范围、法定代表人姓名。

对农民专业合作社的登记事项进行登记的意义：登记机关对农民专业合作社的登记管理，主要是对农民专业合作社的登记事项的审查、登记和监督管理。登记机关通过审查登记事项，了解农民专业合作社的基本情况和设立条件，做出是否准予登记的决定。经登记机关依法登记的登记事项，也是登记机关对农民专业合作社进行日常监督管理的依据；经登记的农民专业合作社登记事项是农民专业合作社享有民事权利、承担民事责任的基本依据；经登记的农民专业合作社登记事项是社会、公众和有关部门、组织了解农民专业合作社的基本情况，与之进行经济往来和实现各类监督的重要依据。

四、准备相关文件

农民专业合作社的设立人申请设立登记的，应当向登记机关提交的文件有以下几种。

（1）登记申请书。

（2）全体设立人签名、盖章的设立大会纪要。

（3）全体设立人签名、盖章的章程。

（4）法定代表人、理事的任职文件及身份证明。

（5）出资成员签名、盖章的出资清单。

（6）住所使用证明。

（7）法律、行政法规规定的其他文件。

需要特别注意的是，农民专业合作社向登记机关提交的出资清单，只要有出资成员签名、盖章即可，无须其他机构的验资证明。

五、保证登记材料的真实性

（一）登记欺诈行为的主要表现

农民专业合作社虚假登记、提供虚假材料等欺诈行为有两种表现形式：一种是农民专业合作社向登记机关提供虚假登记材料或者采取其他欺诈手段取得登记的；另一种是农民专业合作社在依法向有关主管部门提供的财务报告等材料中，做虚假记载或者隐瞒重要事实的。前一种情况是为了向登记机关骗取登记，后一种情况是在向有关主管部门的报告中做虚假记载或者隐瞒重要事实。

（二）登记欺诈行为的法律责任

对农民专业合作社向登记机关提供虚假登记材料或者采取其他欺诈手段取得登记的行为，由登记机关责令改正，合作社如果改正其违法行为就不再受处罚；实施以上行为情节严重的，由登记机关撤销登记。提供虚假登记材料是指故意向登记机关提供虚假的设立、变更合作社的登记申请书、章程、法定代表人或理事的身份证明等文件。采取其他欺诈手段是指采用除提供虚假登记材料以外的其他隐瞒事实真相的方法欺骗登记机关的行为。对于上述两种违法行为的认定都要考虑是否出于当事人的故意，并以骗取登记为目的。

对农民专业合作社在依法向有关主管部门提供的财务报告等材料中，作虚假记载或者隐瞒重要事实的行为，依照相关法律追究民事、行政和刑事责任。

模块三　农民专业合作社的合并、分立、解散与清算

农民专业合作社的发展必然遇到联合、合并、分立、解散、破产等组织演变过程，为了促进农民专业合作社发展，规范农民专业合作社组织演变行为，维护农民专业合作社及其成员和债权人的合法权益，《农民专业合作社法》对农民专业合作社的联合、合并、分立、解散、破产作了原则规定，保证上述演变过程顺利完成。

第一节　农民专业合作社的联合与合并

一、农民专业合作社的联合

尽管《农民专业合作社法》并没有涉及联合社的问题，但是，合作社联合组织的发展已优势尽显。中共湖北省委、湖北省人民政府《关于支持和促进农民专业合作社发展的意见》（鄂发〔2007〕12号）指出："适时引导同一产业的农民专业合作社，打破行政区域界限，组成联合社，实行跨区域、集团式发展，增强市场竞争能力。"实践中农民专业合作社联合社的注册及登记应符合《农民专业合作社法》和《登记管理条例》的规定。

（一）农民专业合作社联合的含义

农民专业合作社联合是指从事同类或相关农产品生产经营的农民专业合作社及个人自愿联合成民主管理的互助性经济组

织，即农民专业合作社联合社。

在农民专业合作经济组织发展较快的一些地区出现了自下而上发展的联合组织。其基本方式有两种：一种是开放式的，也是较为普遍的，即合作社与其他从事相同业务甚至是相关业务的企业、个体户等的联合；另一种是封闭式的，即仅局限在合作社与合作社之间的联合。从联合组织的性质看，既有社团性质的，对内开展基层社的业务指导、对外代表基层社维权；也有企业性质的，开展经营业务。

农民专业合作社的联合是现实发展的需要。由于农民专业合作社还处于发展的初级阶段，生产规模偏小，服务领域狭窄，带动能力偏弱，抵御市场风险能力还比较弱。随着外部市场竞争的不断加剧和合作社业务的不断扩大，迫切需要通过合作社的进一步联合来解决单个合作社解决不了和解决不好的问题。农民专业合作社联合社顺应了这一形势发展的需要。合作社的联合可以发挥各个合作社的资源优势，推动合作社的资源共享，优势互补；进一步提升市场竞争力，打破原来基层社完全被动地接受给定的质量等级和价格的市场格局；降低经营成本，实现规模经济；开展互助保险，增强基层社抗风险的能力。

农民专业合作社联合社以其成员为主要服务对象，提供农业生产资料的购买，农产品的销售、加工、运输、储存以及与农业生产经营有关的技术、信息等服务；指导专业合作社开展标准化生产与品牌化经营、科技推广、社员培训、信息沟通、经验交流等。经济实体型的联合社还要直接开展生产经营活动。

（二）农民专业合作社联合的条件

设立农民专业合作社联合社，首先应符合《农民专业合作社法》第 10 条第 2 项至第 5 项规定的条件。除上述条件外，还需要具备以下两个条件。

（1）有若干领取农民专业合作社法人营业执照的从事性质相似农产品生产经营的农民专业合作社。

（2）在业务上有较多联系，有联合的需要，有共同的联合协议。

二、农民专业合作社联合社的注册登记

（一）农民专业合作社联合社的框架

内部结构上，不管是哪种类型的联合社，都应建立代表会议制度，设立理事会与监事会，实行民主管理。组织体系上，根据当地实际，积极创造条件，可以按专业组建区域性的专业合作社联合社，在此基础上，全省可以组建省级专业合作社联合社；下级联合社为上级联合社的成员社，自下而上是经济联合关系，内部实行上级联合社为成员社服务、各级联合社为农民专业合作社服务的原则。

（二）农民专业合作社联合社的注册登记条件

（1）农民专业合作社联合社的登记事项应当符合《登记管理条例》的规定。农民专业合作社联合社应当召开由全体设立人参加的设立大会。设立大会依据《农民专业合作社法》的规定行使职权。

（2）工商行政管理部门负责农民专业合作社联合社的登记管理工作。

（3）农民专业合作社联合社的名称应当含有"专业合作社联合社"并符合名称登记管理规定。

（4）农民专业合作社联合社成员的出资方式应当符合《登记管理条例》的规定，成员出资额之和为成员出资总额。

（5）农民专业合作社联合社的业务范围应当符合《农民专业合作社法》和《登记管理条例》的规定，并由其章程规定。

（6）农民专业合作社联合社的理事长为农民专业合作社

联合社的法定代表人。

（7）农民专业合作社联合社的设立、变更、注销，应当依照《农民专业合作社法》《登记管理条例》的规定办理登记。

（8）申请设立农民专业合作社联合社，应当依照《农民专业合作社法》《登记管理条例》的规定向登记机关提交有关文件。

第二节　农民专业合作社的合并

一、农民专业合作社合并的含义

农民专业合作社合并是指两个或者两个以上的合作社依照法定程序合为一个合作社的行为。合并主要有两种形式：一种是吸收合并，指一个合作社接纳一个或一个以上的其他合作社加入本合作社，接纳方继续存在，加入方解散并取消原法人资格；另一种是新设合并，指合作社与一个或一个以上合作社合并设立一个新的合作社，原合并各方解散，取消原法人资格。合作社合并时，合并各方的债权、债务应当由合并后存续或者新设的合作社承继。

二、农民专业合作社合并的基本程序

农民专业合作社合并要遵循以下 5 个程序。

（一）做出合并决议

依据《农民专业合作社法》的规定，合作社合并决议由合作社成员大会做出。农民专业合作社召开关于合作社合并的成员大会，出席人数应当达到成员总数 2/3 以上。成员大会形成合并的决议，应当由本社 2/3 以上成员表决同意才能通过，章程对表决权数有较高规定的，从其规定。成员大会或者成员

代表大会还要授权合作社的法定代表人签订合并协议。合并协议一般应有如下内容：①合并各方的名称、住所；②合并后存续合作社或新设合作社的名称、住所；③合并各方的债权、债务处理办法；④合并各方的资产状况及其处理办法；⑤存续或新设合作社因合并而新增的股金总额；⑥合并各方认为需要说明的其他事项。

（二）通知债权人

合作社应当自做出合并决议之日起 10 日内通知债权人，做好债务清算工作。

（三）签订合并协议

合作社合并协议是两个或者两个以上的合作社，就有关合并的事项达成一致意见的书面表示形式，各方合作社签名、盖章后，就产生法律效力。

（四）对合并业务进行账务处理

加入方应对本合作社的流动资产、固定资产、对外投资、农业资产、无形资产以及其他资产进行全面清查登记，同时对各项债权债务进行全面核对查实。合作社资产、负债全部清点核查完毕后，应当编制财产清单、债权清单和债务清单。财产清查完毕时，应向农村经营管理部门移交资产负债清册，并编制资产负债表。接纳方合作社在合并时，应编制合并日的资产负债表，报农村经营管理部门备案。

（五）合并登记

因合并而存续的合作社，保留法人资格，但应当办理变更登记；因合并而被吸收的合作社，应当办理注销登记，法人资格随之消失；因合并而新设立的合作社，应当办理设立登记，取得法人资格。

三、农民专业合作社合并的注意事项

农民专业合作社合并时，需要注意以下几点。

第一，合并各相关合作社法律地位平等，是否合并、如何合并等，都由各合作社自行决定，任何单位和个人不得干预。

第二，合作社的合并，应当并只能依照法律规定和法定程序进行，人为强制和行政命令撮合下的合并，是无效的。

第三，各农民专业合作社合并后，原来的各种债权、债务要自动继承，并且要无条件加以继承。这是为了保护债权人的利益。在农民专业合作社中，如果采取缴纳股金形式筹集资金的，成员就是合作社的债权人，决不能因为合作社的合并使他们的利益受到忽视和损害。在合作社合并时，要对成员的债权债务特别予以关注，并小心谨慎地处理好。

第四，无论是采取吸收合并，还是采取新设合并，合作社合并以后，除了退社的成员之外，原合作社的成员资格自动转为合并后存续或者新设的合作社的成员。

【经典案例】

两河口镇：两家农民专业合作社成功合并

湖北省秭归县两河口镇青山源反季蔬菜专业合作社和民生农产品专业合作社成功合并后，按合并后的新体制正常运转。两家农民专业合作社同时从事高山蔬菜的生产、收购、包装、销售，其生产基地和办公场所都在两河口镇薛家村。通过主管部门考核，民生农产品专业合作社被评为县级示范社，青山源反季蔬菜专业合作社被评为"县级规范社"。为扩大合作社规模，减少经营成本，提高经济效益，两个专业合作社召开理事会，决定将两个专业合作社合并为新的民生农产品专业合作社，并选举产生了新的理事会、监事会，制定了新的章程。目

前，两个合作社的财务账目已经合并，"两会"管理人员已按分工各负其责。

案例点评：

农民专业合作社的合并有多种原因，可能是出于扩大合作社规模的原因，也可能是出于产业链一体化的原因。两河口镇两家农民专业合作社合并显然是出于扩大规模、减少竞争的考虑。不管出于什么原因，都是为了实现合作社更好地发展，更好地服务于成员。也不管出于什么原因，合作社的合并必须遵循自愿和互利原则。

第三节　农民专业合作社的分立

一、农民专业合作社分立的含义

农民专业合作社分立，是指一个农民专业合作社依法分成两个或者两个以上的农民专业合作社的法律行为。

农民专业合作社分立的方式，有新设分立和派生分立两种。合作社的新设分立，是指将一个合作社依法分割成两个或者两个以上新的合作社。按照这种方式分立合作社，原合作社应当依法办理注销登记，其法人资格消失；分立后新设的合作社应当依法办理设立登记，取得法人资格。

合作社的派生分立，是指原合作社保留，但对其财产作相应分割，另外成立一个新的合作社。原有合作社应当依法办理财产变更登记，派生的新合作社应当依法办理设立登记。

二、农民专业合作社分立的程序

农民专业合作社分立的程序与合并的程序基本一致。

（1）拟定分立方案。分立方案涉及的内容包括分立形式、分立后原合作社的地位、分立后章程、管理人员及固定员工安排方案、分立协议各方对拟分立合作社财产的分割方案、分立协议各方对拟分立合作社债权债务的承继方案等。

（2）成员大会依据《农民专业合作社法》的规定做出分立决议，通过分立方案。

（3）签订分立协议。协议内容实质上是对分立方案的具体化。分立协议中应当对原合作社资产的分割、分立后各方合作社对原合作社债权债务的承继、分立后各方合作社经营范围的划分及其他相关问题做出明确约定。

（4）通知债权人。

（5）对分立业务进行账务处理、财产清查，编制相关会计报表。

（6）办理分立合作社登记手续。

（7）档案保管。存续分立的合作社，分立前的档案由存续的合作社继续保管。

合作社的分立与合并的不同之处就在于要进行财产分割，"分家之前先分家当"。依据《农民专业合作社法》的规定，农民专业合作社分立前债务的承担有以下两种方式：债权人与分立的合作社就债务清偿问题达成书面协议的，按照协议的约定办理；未与债权人就清偿债务问题达成书面协议的，分立后的合作社承担连带责任，债权人可以向分立后的任何一方请求偿还债务，被请求的一方不得拒绝。

第四节　农民专业合作社的解散

一、农民专业合作社解散的含义

农民专业合作社解散是指因法律规定的事由而停止业务活动，最终使法人资格消失的法律行为。

依据《农民专业合作社法》的规定，合作社应当解散的事由主要有：一是章程规定的解散事由出现。合作社的设立大会在制定合作社章程时，可以预先约定合作社的各种解散事由。如果在合作社经营中，规定的解散事由出现，成员大会或者成员代表大会可以决议解散合作社。二是成员大会决议解散。成员大会有权对合作社的解散事项做出决议，但需要本社成员 2/3 以上同意才能通过。三是因合并或者分立需要解散。四是被依法吊销营业执照或者被撤销。当上述事由出现时，合作社就应解散。

　　农民专业合作社解散分为自行解散和强制解散两种情况。自行解散，也称为自愿解散，是指依合作社章程或成员大会决议而解散。强制解散是指因政府有关机关的决定或法院判决而发生的解散。

　　依据《农民专业合作社法》的规定，农民专业合作社因本法第四十一条第 1 款的原因解散，或者人民法院受理破产申请时，不能办理成员退社手续。这是因为成员退社时需要按照章程规定的方式和期限，退还记载在该成员账户内的出资额和公积金份额，如果在农民专业合作社解散和破产时，为退社成员办理退社手续、分配财产，将影响清算的进行，并严重损害合作社其他成员和债权人的利益。因此，在农民专业合作社解散和破产时，不能办理成员退社手续。

　　农民专业合作社解散时，应当依法妥善处置好合作社的财产和债权债务问题。农民专业合作社一经解散，就不能再以合作社的名义从事经营活动，并应当进行清算。合作社清算完结，其法人资格消失。

二、农民专业合作社解散时的清算的职责及程序

　　农民专业合作社解散时的清算，是指合作社解散后，依照法定程序清理合作社债权债务，处理合作社剩余财产，使合作社归于消失的法律行为。清算的目的是为了保护合作社成员和

债权人的利益。

除合作社合并、分立两种情形外，合作社解散时都应当依法进行清算。《农民专业合作社法》规定，因章程规定的解散事由出现、成员大会决议、依法被吊销营业执照或者被撤销而解散的，应当在解散事由出现之日起 15 日内由成员大会推举成员组成清算组，开始解散清算。逾期不能组成清算组的，其成员、债权人可以向人民法院申请指定成员组成清算组进行清算，人民法院应当受理该申请，并及时指定成员组成清算组进行清算。依据该法第四十一条第 1 款第 3 项规定，因合作社合并或者分立需要解散的，其债权债务全部由合并或者分立后存续或者新设立的合作社承继，故不用成立清算组进行清算。

（一）清算组的主要职责

清算组是指在农民专业合作社清算期间负责清算事务执行的法定机构。合作社一旦进入清算程序，理事会、理事、经理立即停止执行职权职务，由成员大会推举或人民法院指定的清算组行使管理合作社业务和财产的职权，对内执行清算业务，对外代表合作社。清算组在清算期间的主要职权为：①处理与清算合作社未了结的业务。②清理合作社财产，包括编制资产负债表和财产清单等。③清偿债权、债务。清算组在清算的过程中，如果发现合作社财产不足以清偿债务时，应及时向人民法院申请宣告破产。经人民法院裁定宣告合作社破产后，清算组就应将清算事务移交给人民法院，进入破产清算程序。如果清偿债务后还有剩余财产，也就是说，在支付清算费用、职工工资及社会保险费用、清偿所欠税款及其他债务后剩余的合作社财产，应当返还或者分配给合作社成员。清算组成员应当忠于职守，依法履行清算义务，因故意或者重大过失给合作社成员及债权人造成损失的，应当承担赔偿责任。

（二）解散清算的程序

解散清算的程序相对简单一些，一般程序包括成立清算机构；通知、公告合作社成员和债权人；制订清算方案；实施清算方案；办理注销登记。需要注意的是，清算方案必须经农民专业合作社成员大会通过或者人民法院确认后才能开始实施。

（1）成立清算机构。由成员大会推举或人民法院指定清算组，行使管理合作社业务和财产的职权。

（2）通知、公告合作社成员和债权人。清算组自成立之日起 10 日内通知合作社成员和债权人，并于 60 日内在报纸上公告。债权人应当自接到通知之日起 30 日内，未接到通知的自公告之日起 45 日内，向清算组申报债权。如在规定期间内全部成员、债权人均已收到通知，免除清算组公告义务。债权人申报债权，应当说明债权的有关事项，并提供证明材料。清算组应当对债权进行登记。债权申报期间，清算组不得对债权人进行清偿。

（3）制订清算方案。清算组在清理合作社财产、编制资产负债表和财产清单后，要制定清偿合作社员工工资及社会保险费用、清偿所欠债务、分配剩余财产的方案。清算方案应报成员大会通过或者主管部门确认。如发现财产不足以清偿债务，清算组应停止清算工作，依法申请破产。合作社破产适用企业破产法的有关规定。

（4）实施清算方案。清算方案的实施程序是：支付清算费用；清偿员工工资及社会保险费用；清偿所欠债务；按财产分配的规定向成员分配剩余财产。

（5）办理注销登记。清算结束后清算组应当提出清算报告并编制清算期内收支报表，报送农业行政主管部门，到相关部门办理注销登记。

（三）清算财产处置原则

（1）清算财产包括宣布清算时合作社的全部财产以及清算期间取得的资产。已经依法作为担保物的财产相当于担保债务的部分，不属于清算财产；担保物的价款超过所担保的债务数额的部分，属于清算财产。清算期间，未经清算小组同意，不得处置合作社财产。

（2）合作社清算中发生的财产盘盈或者盘亏、财产变价净收入、因债权人原因确实无法归还的债务、确实无法收回的债权，以及清算期间的经营收益或损失等，计入清算收益或者清算损失。清算财产的作价一般以账面净值为依据，也可以重估价值或者变现收入等为依据。

（3）合作社接受国家财政直接补助形成的财产，在解散清算时，不得作为可分配剩余资产分配给成员。

（4）合作社因章程规定的解散事由出现的原因解散时，不能办理成员退社手续。

（5）合作社在宣布终止前6个月至终止之日期间，下列行为无效，清算小组有权追回其财产，作为清算财产入账：①隐匿私分或者无偿转让财产；②低价处理财产；③对原来没有财产担保的债务提供财产担保；④对未到期的债务提前清偿；⑤放弃自己的债权。

（四）清算财产的作价方法

（1）账面净值法。是指以财产的账面净值为标准来对清算财产作价的一种方法。该方法的特点是符合历史成本原则，而且简单方便，适用于账面价值与实际价值相差不大的财产。

（2）重新估价法。是指以资产的现行市场价格为依据来对清算财产作价的一种方法。该方法适用于账面价值与实际价值相差很大，或合作社合同、章程、投资各方协议中规定合作社解散时应按重估价值作价的财产。

（3）变现收入法。是指以清算财产出售或处理时的成交价格为依据来对清算财产作价的一种方法。该方法适用于价值较小、数量零星的清算财产。

（4）招标作价法。是指通过招标从投标者所出价格中选择最高价格来对清算财产作价的一种方法。该方法适用于清算大宗财产和成套设备。

第五节　农民专业合作社的清算

一、农民专业合作社破产的概念

农民专业合作社破产，是指合作社不能清偿到期债务时，为保护债权人的利益，依法定程序，将合作社的资产依法在全体债权人之间按比例公平分配，不足的部分不再清偿的法律制度。

二、破产宣告

破产宣告，是指法院依据当事人的申请或者法定职权，对具备破产原因的事实作出具有法律效力的认定。农民专业合作社破产，关系到成员和债权人的利益。为了保障成员和债权人的利益，法律规定只有人民法院有权宣告合作社破产，合作社不能自行宣告破产，债权人也无权宣告合作社破产。当然，债权人可以向人民法院申请宣告债务人破产还债。人民法院裁定宣告合作社破产后，由有管辖权的人民法院接管，并负责处理该合作社的破产事宜。破产宣告是合作社进入破产清算的起点。合作社一经被宣告破产，就丧失了对其全部财产的管理处分权，进入以全部财产清偿债务的清算阶段，其法人资格仅在清算的意义上存在。

三、破产清算

破产清算是合作社因严重亏损，资不抵债，被依法宣告破产而进行的清算。合作社因资不抵债而清算的案件，若由合作社向法院提出申请，则为自愿性申请；若由债权人提出破产申请，则为非自愿性申请。合作社自行提出破产申请时，应当说明合作社亏损情况，提交有关会计报表、债务清册和债权清册。债权人提出破产申请时，应当提供关于债权数额、有无财产担保以及合作社不能清偿到期债务的有关证据。

（一）合作社破产清算的相关程序

破产清算是破产程序的重要组成部分。合作社一旦被宣告破产，破产程序便进入了破产清算阶段。

（1）由债权人或合作社向人民法院申请合作社破产。

（2）法院受理破产申请后，对合作社的其他民事执行程序、财产保全程序必须中止，同时，应当及时通知合作社的开户银行停止办理合作社的结算业务。开户银行支付维持合作社正常生产经营所必需的费用时，须经人民法院许可。

（3）法院裁定宣告进入破产还债程序后，在10日内通知合作社的债务人和已知债权人，并发出公告。债权人应当在收到通知后30日内，未收到通知的债权人应当自公告之日起3个月内，向法院申报债权。逾期未申报债权的，视为放弃债权。债权人可以组成债权人会议，讨论破产财产的分配处理方案以及和解协议。

（4）由人民法院指定管理人。管理人可以由有关部门、机构的人员组成的清算组或者依法设立的律师事务所、会计师事务所、破产清算事务所等社会中介机构担任。

（5）管理人负责破产财产的保管、清理、估价、处理和分配。

管理人可以依法进行必要的民事活动，他们对法院负责并报告工作，接受法院和债权人会议的监督。

（6）破产费用包括破产案件的诉讼费用；管理、变价和分配破产财产的费用；管理人执行职务的费用、报酬和聘用工作人员的费用。

（7）破产财产分配完毕，由管理人提请法院终结破产程序。破产程序终结后，未得到清偿的债权不再清偿。

（8）破产程序终结后，由管理人向合作社原登记机关办理注销登记。

（二）破产财产的变价

破产财产的变价，即破产财产的变现，是指破产管理人将破产财产中的非金钱财产以变卖或拍卖的方式，转变为金钱财产的行为或过程。

破产财产的变价，应对破产财产依法进行评估。评估工作应当由有相应评估资质的评估机构完成。破产财产一般采用拍卖或变卖的方式变现。

（三）破产财产的清偿顺序

依据《农民专业合作社法》的规定，农民专业合作社破产适用企业破产法的有关规定。但是，在清偿破产费用和共益债务后，破产财产应当优先清偿破产前合作社与农民成员已发生交易但尚未结清的款项。尚有剩余的破产财产依照下列顺序清偿。

（1）拖欠成员的工资及社会保险费用。包括破产人所欠职工的工资和医疗、伤残补助、抚恤费用，所欠的应当划入职工个人账户的基本养老保险、基本医疗保险费用，以及法律、行政法规规定应当支付给职工的补偿金。

（2）拖欠的税款。即破产人欠缴的除前项规定以外的社会保险费用和破产人所欠税款。

（3）其他各项债务。

这种优先清偿破产前合作社与农民成员已发生交易但尚未结清的款项的制度，充分考虑了农民专业合作社的自愿联合、民主管理的互助性经济组织的特性，充分考虑了合作社的盈余主要按照成员与合作社的交易量（额）比例返还的特性，充分体现了合作社服务成员、保障成员权利的原则。

合作社接受国家财政直接补助形成的财产，在破产清算时，不得作为可分配剩余资产分配给成员。

四、破产清算与解散清算的区别

（一）依据不同

合作社破产清算主要依据《中华人民共和国企业破产法》，解散清算主要依据《农民专业合作社法》。破产清算具有法律的强制性，解散清算具有一定的自主性。

（二）目的不同

破产清算的基本目的是破产还债，而解散清算的基本目的是双重的，一个是清产还债，另一个是清产分配，在一般情况下，解散清算在清偿完债务后，都会有剩余财产。

（三）程序不同

破产清算适用于破产还债程序，清算组必须在人民法院的指导和监督下开展工作。解散清算适用于清产还债程序，清算组是在农村经营管理部门指导和监督下开展工作的。

（四）法律后果不同

在破产清算中，对未能清偿的债权，破产清算结束，不再清偿，对合作社实行免责。解散清算中，在清算期间由于种种原因未得到清偿的债权人，即使清算结束，也有权追偿，对合作社不能实行免责。

模块四 农民专业合作社的组织管理

治理结构亦称法人治理结构。它是指一种各负其责、协调运转、有效制衡的现代企业内部组织管理制度。农民合作社的治理结构由社员大会、理事会、监事会和经理构成。

第一节 农民专业合作社的组织机构

《农民专业合作社法》第四章规定了农民专业合作社的组织机构。根据该章规定，农民专业合作社通常可以有以下机构：成员大会、成员代表大会、理事长或者理事会、执行监事或者监事会、经理等。因为农民专业合作社的规模不同、经营内容不同，设立的组织机构也并不完全相同，《农民专业合作社法》对某些机构的设置不是强制性规定，而要由合作社自己根据需要决定。

第二节 农民专业合作社成员大会及职权

一、成员大会的意义

成员大会是合作社的最高权力机构，由全体社员组成。合作社一切重大问题均由成员大会决定，任何人都不能凌驾于成员大会之上。

二、成员大会的职权

成员大会行使下列职权。

（1）修改章程。

（2）选举和罢免理事长、理事、执行监事或监事会成员。

（3）决定重大财产处置、对外投资、对外担保和生产经营活动中的其他重大事项。

（4）批准年度业务报告、盈余分配方案、亏损处理方案。

（5）对合并、分立、解散作出决议。

（6）决定聘用经营管理人员和专业技术人员的数量、资格和任期。

（7）听取理事长或理事会关于社员变动情况的报告。

（8）章程规定的其他职权。

三、成员大会的其他若干规定

合作社召开成员大会，出席人应达到社员总数 2/3 以上。成员大会选举或作出决议，应由本社社员表决权总数过半数通过；作出修改章程或合并分立、解散的决议应由本社社员表决权总数的 2/3 以上通过。章程对表决权数有较高规定的，从其规定。

成员大会每年至少召开一次，会议的召集由章程规定。有下列情形之一的，应在 20 日内召开临时成员大会：由 30% 以上的社员提议；由执行监事或监事会提议；章程规定的其他情形。

农民专业合作社社员超过 150 人的，可按章程规定设立社员代表大会。社员代表大会按照章程规定可以行使成员大会的部分或全部职权。

成员大会通过决议须有记录本，记载议事过程和议事结果。记录本须备置在主事务所，供社员随时查阅。

第三节　农民专业合作社理事会及职权

一、理事会的意义

理事会是为了执行合作社事业的业务而设立的。理事会属于成员大会决议的执行机关。理事会不是个人的专断机构，而是若干理事智力的集合体。这有利于监督合作社理事长的个人行为，也有利于合作社的民主管理。

二、理事会的职权

理事会一般由合作社的理事长主持，可就下列事项作出决定。

（1）审查社员资格。

（2）运用积累金。

（3）确定借入金上限。

（4）确定事业经费额度和交纳办法。

（5）变更事业计划和收支预算中的一般事项。

（6）聘任职员。

（7）用于业务的不动产取得和处分。

（8）制定、修订、废止业务规章。

（9）确定合作社经营方针。

（10）受成员大会委托的事项。

（11）理事长或多数理事认为必要的事项。

理事会会议须有记录本，记载议事过程和议事结果。记录本须备置在主事务所，供社员查阅。

理事长或理事会可以按照成员大会的决定聘任经理和财务会计人员，理事长或理事可以兼任经理。

第四节　农民专业合作社监事会及职权

一、监事会的意义

监事会是专门检查合作社财产和业务的独立机构。它直接向成员大会负责。认为必要时，监事会可随时检查合作社的财产或业务执行情况。

二、监事会的职权

监事会的职权包括以下几方面。

（1）对财产和业务的检查权。

（2）反映不当行为的报告权。

（3）列席理事会陈述意见权。

（4）特殊情形下的理事长代表权。

（5）临时成员大会的主持权。

（6）中止领导人职务的请求权。

理事长、理事、监事由成员大会从本社社员中选举产生，依照相关法律和章程的规定行使职权，对成员大会负责。理事长、理事、监事和管理人员不得有下列行为。

（1）侵占、挪用或私分本社资产。

（2）违反章程规定或未经成员大会同意，将本社资金供给他人或以本社资产为他人提供担保。

（3）接受他人与本社交易的佣金据为己有。

（4）从事损害本社经济利益的其他活动。

理事长、理事、监事和管理人员违反上述规定所得的收入，归本社所有；给本社造成损失的，应承担赔偿责任。

第五节 农民专业合作社经理及职权

一、经理的意义

经理是由理事会聘请的经营管理专家，负责处理合作社的日常业务。合作社的盈亏与经理的经营管理水平有着直接关系。经理的聘请是理事会最重要的决议事项。经理直接对理事会负责。

二、经理的职权

经理的职权包括以下几个方面。

（1）主持合作社的生产经营管理工作，组织实施理事会决议。

（2）组织实施合作社年度经营计划和投资方案。

（3）拟定合作社内部管理机构设置方案。

（4）拟定合作社的基本经营管理制度。

（5）制定公司的具体规章。

（6）提请聘任或解聘合作社副经理、财务负责人。

（7）聘任或解聘除应由理事会聘任或解聘以外的负责人。

（8）合作社章程和理事会授予的其他职权。

总经理可以列席理事会会议，并陈述自己的意见。

以上成员大会、理事会、监事会和经理制度是合作社必须建立健全的内部组织制度。此外，合作社还应建立"经营咨询会"。它由专家、学者、合作社领导和社员代表所组成。其目的在于借助专家优势，不断完善合作社的经营管理。

模块五 合作社项目的选择

第一节 农民专业合作社申请项目的内容

一、直接补贴类项目

直接补贴类项目，主要向国家政府部门申报。财政部、发改委、农业部、中华全国供销合作总社、林业部、科技部、妇联、水利部等部委都会有许多扶持合作社的项目。在官方网站上定期、不定期地会发布有关项目通知，各合作社密切关注政府部门网站和省级对口部门网站，及时掌握各部门关于项目申报的动态。

比如，供销合作社的新网工程，农业综合开发办的农业产业化经营项目、土地治理项目，农委、农源办的沼气工程项目，环保局、发改委的环保项目，科委的科普惠农项目，财政局、农委的财政支农标准文本，另外还有一般加工型项目及其他的专项等。

二、贷款贴息或低息贷款类项目

贷款贴息或低息贷款类项目，可以向国内、国际相关部门申报。国内：政策性银行、商业银行、小额贷款公司。贷款贴息，中央财政补贴3%，地方财政补贴1%～3%，比如，上海、北京、天津、广东、山东、江苏为3%，湖南、湖北为1%。

国际：多为低息贷款，偿还本金，比如联合国开发署、联合国粮农组织、世界银行、亚洲银行、世界粮食署、世界妇女儿童基金会、世界银行援助贷款、欧盟援助贷款、德国援助贷款、美国的福特基金会、德国的阿德纳基金会、加拿大的国际援助署、澳大利亚的海外援助署、欧盟的小项目办公室等。

项目申报流程：

直接补贴项目：获得项目申报通知—编写项目申报材料—递交给县（市）相关部门—专家审查—递交省级政府—中央相关部委—审批通过—获得补贴。

常年申报的财政支农项目：向乡农业部门申报项目—县农业部门列入计划并获得批准—项目实施—项目验收—资金补贴。

贴息补贴项目：向乡农业站站申报贷款计划—获得县林业局同意后向银行申报贷款—项目评估—获得项目贷款—凭银行利息底单到县林业局申报补贴。

注意，申请国外低息贷款的，通常需要当地的政府部门担保。

合作社如何策划并筛选一个具有发展前景的项目？

合作社在策划一个项目之前，要做足调研实践，不可为了申请项目资金而盲目立项。可以这样入手。

（1）明确项目市场定位，本地市场还是外地市场，境内市场还是境外市场，市场环境的现状如何。

（2）项目产品的供需水平。要调研清楚产品或服务在目标市场上的产能、销量、主要生产商和经销商、生产成本、市场价格、消费人群的规模、需求等情况。

（3）进行综合评估，明确项目产品或服务的产销容量和潜力，合作社实施该项目后可占有的市场份额，给合作社和社员带来的经济效益情况。

综合评估后，具有良好市场前景，能够给合作社带来良好的经济效益，有助于社员增收致富，具有切实可行的投资回收周期，无污染对生态环境无不良影响，能够引导地方农业产业发展的项目才是可以实施的好项目，同时，选择了这类项目的合作社更容易得到政府支持，申报项目成功几率更大。

第二节　农民专业合作社项目的申报程序及编制

一、农业项目的申报程序

农业基本建设项目必须严格按基本建设程序做好前期工作。项目前期工作包括项目建议书、可行性研究报告、初步设计的编制、申报、评估及审批，以及提出开工报告、列入年度计划、完成施工图设计、进行建设准备等工作。

项目建设单位根据建设需要提出项目建议书。项目建议书批准后，建设单位在调查研究和分析论证项目技术可行性和经济合理性的基础上，进行方案比选，并编制可行性研究报告。

项目可行性研究报告批准后，建设单位可组织编制初步设计文件。

项目初步设计文件批准后，可进行施工图设计。

二、农业项目的编制

1. 项目申报书的编制

项目申报书应由建设单位或建设单位委托有相应工程咨询资质的机构编写。

项目申报书必须对项目建设的必要性、可行性、建设地点选择、建设内容与规模、投资估算及资金筹措，以及经济效益、生态效益和社会效益估计等作出初步说明。

2. 项目可行性研究报告的编写

农业建设项目可行性研究报告应由具有相应工程咨询资质的机构编写。技术和工艺较为简单、投资规模较小的项目可由建设单位编写。

项目可行性研究报告的主要内容包括总论、项目背景、市场供求与行业发展前景分析、地点选择与资源条件分析、工艺技术方案、建设方案与内容、投资估算与资金筹措、建设期限与实施计划、组织机构与项目定员、环境评价、效益与新增能力、招标方案、结论与建议等。

3. 项目初步设计的编制

初步设计和施工图设计文件应由具有相应工程设计资质的机构编制，并达到规定的深度。

项目初步设计文件根据项目可行性研究报告内容和审批意见，以及有关建设标准、规范、定额进行编制，主要包括设计说明、图纸、主要设备材料用量表和投资概算等。

第三节　农民专业合作社的项目投资

农民专业合作社的项目投资管理制度，主要规定了以下内容。

一、项目投资范围

项目投资管理制度所规定的项目投资是指与本农民专业合作社的生产经营有关项目的内部投资。

二、投资项目的立项

农民专业合作社的理事会在接受投资项目的建议之后，便会派一支专门的调查小组进行实地考察和调查研究，以便最终确定是否采纳此项目。如果调查小组认为该项目是可行的，便会编制出一份可行性报告及实施方案，并按照法定的程序进行权限审核和审批。当农民专业合作社理事会对报送的投资项目可行性报告在审核之后也认为可行的，那么这份项目可行性论证材料才会得以审核并按程序提交有关会议审定。通常，一份完整的项目可行性论证内容应该包括：市场状况分析、投资额度、投资资金筹措、投资回报率、投资风险、投资占用时间、政策优惠条件、收益分配等。

三、投资项目审批和实施

通常，凡是超过理事长个人在农民专业合作社股金额度2倍以上的投资都属于重大投资。对于农民专业合作社的重大投资项目，应该由理事会审核，社员（代表）大会批准，理事会组织实施。一般投资则直接由农民专业合作社监事会审核，理事会审批，组建项目部实施。

四、项目投资资金的筹措管理

第一，农民专业合作社的投资项目资金筹措应该以实现本社最广泛的社员及其最大限度的收益为原则，进而来确定资金的筹措渠道和范围。

第二，在国家部分投资，农民专业合作社有能力配套投资项目建设的情况下，农民专业合作社不得再动员社员入股投资和贷款投资。

第三，项目投资优先本合作社社员在规定时间内入股投资。部分合作社社员不愿入股投资的，其他合作社社员的个人入股投资最高不得超过总投资的20%，理事长个人入股投资最高不得超过总投资的30%，团体社员入股投资最高不得超过总投资的40%。

第四，项目投资额度在合作社社员入社出资总额30%以内的，合作社经理事会决定，可以直接利用贷款投资。使用政府贴息贷款和农业担保公司担保贷款的项目投资，理事会审批投资权限额度可提高到社员在合作社入股出资总额的80%。

第五，采用合作社贷款投资项目的额度最高不得超过社员入社总出资额的80%，并要经过社员（代表）大会2/3以上的参会人员同意。

五、投资项目的建设监督管理

农民专业合作社监事会负责投资项目建设的质量、进度、安全和资金使用的监督管理。项目建设结束后，监事会需要组织项目建设验收和项目建设资金内部审计。

六、建成项目的经营管理

在项目建成验收之后，由农民专业合作社理事会负责将该项目纳入合作社一体化经营管理。那些属社员与合作社共同投资建设的项目要单独核算。

七、投资项目收益分配

第一，项目投资收益按投资股份分配。

第二，凡农民专业合作社使用国家扶持资金、其他捐赠资金、合作社公积金、社员未分配盈余和合作社贷款投资项目的，均属合作社对项目的投资，其投资收益应该记入合作社收入中，合作社社员可按盈余分配制度进行分配。

第三，由社员在合作社完成基本出资入股的基础上，又直接投资入股与合作社共同投资建设的项目收益，是按投资股份分配的。社员的再投资收益分配给投资的社员，合作社投资所分得的项目收益记入合作社收入。

该制度的解释权由农民专业合作社理事会负责。

模块六　提供农业社会化服务

2013年中央一号文件提出，"建设中国特色现代农业，必须建立完善的农业社会化服务体系。要坚持主体多元化、服务专业化、运行市场化的方向，充分发挥公共服务机构作用，加快构建公益性服务与经营性服务相结合、专项服务与综合服务相协调的新型农业社会化服务体系"。为了帮助大家了解为什么要农业社会化服务？农业社会化服务的具体内容有哪些？怎样发挥农业社会化服务的作用促进农业发展？本模块帮助大家做一些分析，并提供一些案例作为参考。

第一节　新型农业社会化服务体系

提起农业社会化服务，我们并不陌生。新中国成立后，我国就逐步建立了农业技术推广、农村生产资料供销、农村信用社等农业社会化服务体系。改革开放以前，村里就有农技员，公社有农技站、信用社、供销社等服务机构。

改革开放以来，我国农业发展环境发生了深刻变化。在市场经济条件下，农业产业既需要政府在履行公益性服务职能中发挥主导作用，解决农业服务领域中市场缺失的问题，又要遵循市场经济规律，发挥社会各方面力量的作用提供经营性服务，这就对农业社会化服务提出了新的要求。

一、专业化生产引来专业化服务

新中国成立以来，我国农业发展大致经历了5个发展阶段：一是以解决温饱问题为目标，"以粮为纲，全面发展"；二是以丰富人们的"菜篮子"为目标，"决不放松粮食生产，积极发展多种经营""发展高产优质高效农业"，适应人们不断增长的多样化食物消费需求；三是以适应市场需求为目标，调整农产品品种和品质结构，改善农产品市场供求关系；四是以合理有效地配置农业生产要素为目标，优化农产品区域布局，发展"一村一品""一镇一业"，提高农产品竞争力；五是以发挥农业的多功能作用为目标，加快转变农业发展方式。

中央一号文件指出，"农业不仅具有食品保障功能，而且具有原料供应、就业增收、生态保护、观光休闲、文化传承等功能"。农业由生产性农业向多功能农业转变，扩大了传统农业的领域，这就要求围绕产业提供全面的专业化服务，将服务内容延伸到与之相关的产前、产中、产后各个领域，提高社会化服务的针对性和效率。

二、农业社会化服务的内容

农业是多部门服务的领域，农民是多部门服务的对象，农业社会化服务涉及多个部门和领域。2013 年中央一号文件指出，要坚持主体多元化、服务专业化、运行市场化的方向，充分发挥公共服务机构作用，加快构建公益性服务与经营性服务相结合、专项服务与综合服务相协调的新型农业社会化服务体系。

随着现代农业发展，直接从事农业生产的人员会不断减少。许多发达国家从事农业生产的人数占人口的比重已下降到 5% 以下，但是为农业服务的企业、服务组织的人数却超过直接从事农业生产的人数。从我国国情出发，农业社会化服务涉及的领域多，包括农业科技服务、农业生产服务、农业基础设施服务、农村经营管理服务、农村商品流通服务、农村金融服务、农村信息服务、农产品质量安全服务 8 个方面。

农业社会化服务的性质和内容不同，既有公益性服务，也有经营性服务。农业技术推广、科研、教育单位以及科协、妇联、共青团等社会团体和合作经济组织、企业等，在开展农业社会化服务中都发挥了重要作用。我们可以结合自己的需求，首先了解自己的工作属于哪些部门主管，然后再看看有关的政策，主动地争取相关的政策和资金支持，尽可能用好用足强农富农惠农政策。

三、加快发展农业社会化服务体系意义重大

农业社会化服务即由农业生产经营主体把生产过程中的某些环节和项目，交由社会有关单位和组织来承担和完成，通常是交由政府公共服务部门、农业合作经济组织和社会其他服务机构组成的组织体系来完成。通过农业的社会化服务，满足农、林、牧、渔等产业发展中产前、产中、产后过程的各类需求，能极大地提高农民的组织化程度，促进农业专业分工、农民转岗转业，推进现代农业和农村经济又好又快发展。

（一）是对农村基本经营制度的完善

20 世纪 80 年代初，商丘市农村普遍推行了以家庭联产承包为基础的统分结合的双层经营体制，"家庭分散经营"切实保障了农民的生产经营自主权、收益权，极大地解放了农村劳动生产力，调动了广大农民群众的生产积极性，促进了农业生产特别是粮食生产的发展，较好地解决了农民的温饱问题。但是随着农村经济形势的快速发展，这一经营制度也暴露出了一些弱点，"小生产"与"大市场"脱节的问题尤为突出，"集体统一服务"的功能明显滞后，"分"有余，而"统"不足，而发展农业社会化服务体系能够较好地解决一家一户办不了、办不好或办起来不经济的事，强化了"统"的功能，真正实现有统有分、统分结合，有利于稳定家庭承包经营这一农村基本经营制度。

（二）是发展现代农业的客观要求

以家庭承包经营为基础的双层经营体制是党在农村最基本的一项政策，必须长期坚持，长久不变，家庭分散经营也必将长期存在。在家庭分散经营的条件下，还必然存在着生产主体多、生产规模小、生产水平低等问题。一方面，随着农业生产专业化、商品化程度的提高，农业生产对社会化服务的依赖程度会越来越高，作为商品的生产者和经营者，农户对社会化服务的需求将不断增长，需要由产中服务发展到产前、产中、产后的系列化服务，对服务范围与质量也有更新的要求。另一方面，随着二、三产业的发展，呈现出农业兼业化、副业化，普遍存在"在家劳力不当家，当家劳力不在家"的现象，先进农艺、农技推广和科技兴农难于实现。通过发展农业社会化服务体系，使用先进的生产手段和先进的科学技术，提供统一高质量的服务，使产销各个环节逐渐实现社会化，还可以按照市场需要，引导一家一户的生产向专业化、区域化发展，推进农业产业化进程，加快形成农业产业集群，促进现代农业发展。

（三）是发展现代服务业的重要内容

现代农业发展需要建立一个较为完善的农业社会化服务体系，其中可以有不同层次、不同经济成分、不同业务性质的众多独立的经营单位，但其共同性的任务是向农业提供服务，包括为农业提供市场信息、金融信贷、生产资料、各种生产技术指导以及农副产品收购储存、运输、加工和销售等服务，并以章程、合同或协议等形式与服务对象联结在一起，形成一个产业群，它是第三产业在农村中的重要组成部分，发展的市场十分广阔，发展潜力十分巨大，必将成为我市服务业发展新的增长点。同时，农业社会化服务体系的完善，不但服务组织自身可以吸纳较多的农村剩余劳动力，而且又为农村劳动力向二、三产业转移提供了条件，反过来又促进了城市服务业的发展。

（四）是生产经营的好帮手

随着我国工业化、城镇化的推进，农村劳动力大量向二、三产业和城镇转移，一方面缓解了农村剩余劳动力的压力，为城市发展、农民就业和增收做出了贡献；另一方面造成农户兼业化、村庄空心化、人口老龄化，对农业生产经营服务提出了新的要求。通过农业社会化服务可为季节性在外打工和家庭劳动力不足或缺少技术的农户提供从种到收各环节的服务，是农业生产经营的好帮手。

【经典案例】

曹镇农业专业合作社组建 5 个专业服务队伍为农户服务

山东省平原县于 2009 年 3 月组织 12 个工作组对前曹镇农村土地经营情况进行了调查。通过调查发现：一是农户种田科技含量低、机械化程度低、效益低；二是主要劳动力外出打工，农村劳动力短缺；三是土地管理粗放且土地零散，难以形成规模；四是老百姓不愿失去土地。于是在政府支持下成立了土地托管合作社，把一家一户分散零星的土地统一规划，统一供应生产资料，统一技术服务，改变了"家家地不多，户户各干各"的经营状况，解决了一家一户办不了、办不好或办起来不划算的事，提高了农业生产经营服务水平。

合作社组建了 5 个专业服务队伍：一是农机服务队，合作社购买或租赁老百姓的机械，为农户提供机耕、机播、机收服务；二是农技服务队，合作社聘请专业技术人员，为农户提供田间管理、农业新品种的引进、推广等技术服务；三是农资服务队，合作社与大型农资、厂商联系统一购进生产资料，降低了生产成本；四是劳务服务队，为农户提供各种劳务服务，2010 年春季，通过菜单式服务，为社员浇水 2 万多亩，喷施农药近 5 万亩，为农户节约资金十多万元；五是植保服务队，合作社购买或租赁植保器械，为广大农户提供统一的农作物病虫害防治，实行统防统治。

农户可在依法、自愿、有偿的前提下，根据自己的生产能力，按照自己的实际需要，自愿选择菜单式服务、全程托管服务，或者承租型合作模式把土地承包经营权流转给合作社、种粮大户、家庭农场等新型农业经营主体，实现规模经营。

第二节　农民合作社提供农业社会化服务的策略

一、不花钱为农民提供了便捷高效的服务

由于农业在国民经济中的基础性作用，农民增收又事关我国全面建成小康，党中央把解决"三农"问题摆在各项工作重中之重的位置，各级政府及有关部门出台了一系列强农富农惠农政策，许多农业社会化服务都有政府财政支持，农民不用花钱，就可以方便地享有这些公益性服务。

随着农业生产力水平的提高，农业产业的多样性与农民个体需求多样化和现代传媒技术的应用，对农业技术推广内容、手段、方法提出了新要求。各地各有关部门创新服务方式和手段，增强服务的时效性、针对性，为农民提供了便捷高效的服务。

【经典案例】

浙江省政府优化农业公共服务，为农户提供帮助

浙江省把提供公共服务作为政府的重要职责，在多年健全基层农技推广体系的基础上，以农技推广为基础、集动植物疫

病防控和农产品质量安全监管三项职能于一体，全面落实基层农技人员责任制度，广泛建立农技"110"服务热线，加快构建省市县乡四级有服务机构、村有服务站点和推广示范户的公共服务网。2012年，浙江省政府对基层农业公共服务中心建设进行部署，进一步健全基层公共服务条件和功能，全省共建立乡镇"三位一体"农业公共服务机构1 213个，配有乡镇农技人员1.2万人。在此基础上，把公共服务向信息交流、土地流转、产品推介等领域延伸。通过优化公共服务，解决了分散农户难以解决、企业和市场难以提供的服务需求，为社会化服务组织发育提供了良好土壤。

二、便捷、准确地获取信息

农民对信息的需求已涵盖到农业生产、加工、流通、科研教育、技术推广、消费等各个方面。

面向现代农业建设，社会化服务已经不是靠"一张嘴、两条腿"。过去一个村只有一部电话，还不是什么人都能用。现在不仅许多农民家里有固定电话，个人有移动电话，不少地方还连接了宽带上网，信息传播手段多样化。

便捷、准确地获取信息是农村生产摆脱盲目性的基础，也是提高生产效率、交易效率的有效途径。目前，我国农业信息服务呈现出服务内容多样化、服务手段现代化、服务渠道社会化的趋势。利用电视、短信、网络等现代信息手段，足不出户便能知"天下事"，为快速、及时地获得信息开辟了新的途径。

三、解决资金不足

近年来，随着农村经济发展，农户贷款难成为制约农村经济发展的瓶颈，受到党和政府的高度重视。金融机构响应中央的号召，积极创新金融产品和服务方式，推进农村信用体系建设。然而，农业弱质性特征决定了农业信贷的高成本、高风险，加之我国农户生产规模小、经济基础薄弱，缺少抵押物，银行的商业性质必然导致对开展信贷服务动力不足，农户贷款难成为农村经济发展和农民增收的制约因素。

【经典案例】

安庆市组织农民专业合作社开展信用合作取得成效

安徽省安庆市市委、市政府着眼于激活农村金融、整合基层组织资源、增强农村内在活力，于2010年7月，在安徽省农委的大力支持下，启动了农民专业合作社信用合作试点。在有产业支撑、管理规范的合作社，成员以闲散资金投资入股，按照"对内不对外、吸股不吸储、分红不分息"的原则，开展内部资金互助服务。

全市开展信用合作的合作社有24家，入股成员5 539户，吸收成员股金3 420万元，获得银行授信2 275万元，累计发放互助资金8 416万元，收益成员5 200多户。

安庆市组织农民专业合作社开展信用合作取得四个方面的成效：一是满足了一批农户成员季节性、短期性生产资金需求，在一定范围内缓解了农村贷款难的问题；二是带动了农村特色产业的发展和农户增收；三是增强了合作社的吸引力、凝聚力和带动力；四是降低了农村资金融通的利息成本和风险，有利于提高银行贷款的积极性。

四、农机服务走进千家万户

由于农村劳动力的季节性短缺，加上耕种、施肥、植保、收割等劳动强度大的农活，迫切需要社会化服务组织来承担。早在1986年，山西太谷县五家堡村农民温廷玉买了一台东风牌联合收割机，与另五位村民一道，利用麦熟的时间差，从运城北上太谷沿途收麦，首先搞起了跨区专业。从1996年开始，由农业部联合有关部门组织农机跨区作业，有力地推动了这项工作。通过跨区作业，大幅度提高了农机的利用率，解决了"有机户有机没活干、无机户有活没机干"的矛盾，既提高了农机的利用率和农机手的效益，又满足了农民特别是外出务工人员对农机作业的需求，在生产方式上实现了规模化经营，是一个具有中国特色的农机社会化服务模式。

【经典案例】

山东省农机合作社的服务模式

山东省在工商部门注册的农机合作社从150个发展到4 313个。其中主要有5种类型：一是农机大户联合型。二是农村能人带动型。主要由农村致富能手、村干部带动其他农机户创办的合作社。三是乡村集体农机服务组织改进型。将原来村农机作业队改制或乡镇农机站所属服务实体把用于经营的农机装备折价入股组建。四是农机企业领办型。五是农村社区创办型。由社区集体出资按股份制入社。

农机合作社以服务为手段，以节本增效为核心，积极创新农机合作社的服务模式。一是开展跨区作业。二是组织订单作业。这种方式已成为农机合作社为本地作业服务的主要方式。三是农田托管。既不改变土地承包经营权，又能实现土地流转规模经营，颇受农民欢迎。四是土地规模经营。农机合作社通过承包、租赁、互换、转让、股份合作等形式，把农户分散的土地连片经营，提高劳动生产率、资源利用率和土地产出率。

山东省农机作业服务总面积达2.6亿亩（其中农机合作社8 664万亩），既根据农民需求提供各种社会化服务，又使农机经营者增强了服务功能，增加了服务收入。

五、专家大院专业化服务

农业科研、教育培训单位具有人才、成果密集的优势，是人才培养基地和技术成果的源头。长期以来，各地通过建设新农村发展研究院、农业综合服务示范基地、科技特派员、专家大院等方式，组织科技人员面向农村开展农业技术推广，发挥了非常重要的作用。

【经典案例】

农业专家大院的运行模式

西北农林科技大学和宝鸡市政府合作，探索通过建设农业科技专家大院推动宝鸡市的农业科技推广体制改革。市财政拨专款在全市建成布尔羊、秦川牛、苗木花卉、特种玉米、杂交小麦、辣椒、果品、蔬菜、蚕桑、"万元田"等32个农业科技专家大院。专家大院修建220平方米的二层小楼，配备完善的生活设施，设有实验室、培训教室、图书资料室和科技咨询室。在院外规划建设了科技试验田和示范园（基地），使实验室与试验田连成一体，实现了农业科研、试验、示范、培训、推广的有机结合。

农业专家大院主要有以下运行模式：一是"专家＋龙头企业＋农户"的科技产业化模式。围绕主导产业，依靠专家的科研成果，进行动植物新品种培育、推广和产业化示范。引导涉农企业家接受新成果，并借助政府农业技术推广体系，进行规模化推广。二是"专家＋技术推广机构＋农户"的科技推广模式。通过专家建立实验田和高科技示范园区进行示范、田间指导、发放书籍、开设培训班等方式，让农民亲身感受采用新技术成果的效果与收益，促进农户采用新技术。三是"专家＋科技企业＋农户"的科技推广模式。在专家的指导下，涉农科技企业建立技术咨询室、良种供应点、技术指导站等服务平台，开展有偿技术服务和销售良种、化肥、农药等农资产品。通过收取技术服务咨询费或经营销售收入，支持技术推广。四是"专家＋中介组织＋农户"的科技推广模式。专家与从事农产运销等经营活动的中介组织就地设立产品集散市场，通过与其他市场、厂商建立营销关系，以及代理农户进行交易、运输等方式，在农户与市场之间发挥桥梁和纽带作用，降低农产市场交易成本与运输成本。五是"专家＋科技示范园"的科技推广模式。通过建立科技示范园区，发挥专家在园区规划、项目设计、技术服务等方面的作用。

专家大院是为农业专家搭建的科技成果快速转化的一个平台，对专家而言，是科研中心、试验中心和新技术、新品种的推广中心；对农民而言，是技术培训中心和信息中心；对地区农业生产而言，是农业良种中心和科技龙头，有利于促进农科教结合、产学研结合。

六、做好与企业的合作

发展现代农业需要建立与之相适应的现代农业产业体系，实现农业产业化经营。用管理现代工业的办法来组织农业的专业化生产、一体化经营、社会化服务、企业化管理，仅靠农民自己是难以实现的。

解决分散的农户适应市场、进入市场的问题，是经济结构战略性调整的难点。农民种什么？养什么？发展什么？主要取决于产品能不能卖出去、卖个好价钱，这就需要了解市场情况，适应市场需求。企业具有适应市场、开拓市场、赢得市场的能力，从某种意义上说，农户与企业合作就是找到了市场。把千家万户的小生产与千变万化的大市场有机对接起来，可以有效降低市场风险，减少结构调整的盲目性。

目前，农村商品流通是按照生产→流通→农业生产→流通→市场这个流程在运行。农村商品流通环节多、成本高，已经成为影响农产品销售成本的重要因素。农产品经常出现"卖难""买贵"的现象，主要问题出在流通环节。发挥农业生产企业和农民合作社对农户的带动作用，提高农民的组织化程度，帮助农户与企业对接，让农民直接从生产企业购买农业生产资料，以及通过"农超对接""农社对接""农校对接"等多种形式，减少流通环节，建立便捷、高效的流通体系，提高整个体系的活力和效率。

我国加入 WTO 后，国际农业竞争已经不是单项产品、单个生产者之间的竞争，而是包括农产品质量、品牌、价值和农业经营主体、经营方式在内的整个产业体系的综合性竞争。积极推进农业产业化经营的发展，有利于把农业生产、加工、销售环节联结起来，把分散经营的农户联合起来，有效地提高农业生产的组织化程度，把农业标准和农产品质量标准全面引入到农业生产加工、流通的全过程，创出自己的品牌，有利于应对加入 WTO 的挑战，全面增强农业的市场竞争力。

七、化解生产经营纠纷的捷径

在农业生产经营过程中，难免会出现纠纷。出现纠纷怎么办？到法院打官司是不得已才选择的办法。最好的办法是能够通过调解协商解决，农业承包合同纠纷还可以通过仲裁解决。

【拓展阅读】

农业承包合同纠纷仲裁

农业承包合同纠纷仲裁是指根据农业承包合同纠纷当事人

的申请，由农业承包合同仲裁委员会依法进行受理并做出裁决，从而解决农业承包合同纠纷的一种制度。这个制度可以避免将农村土地承包经营纠纷提交法院解决，是化解生产经营纠纷的一条捷径。

根据《中华人民共和国农村土地承包经营纠纷调解仲裁法》，农业部、国家林业局制定了《农村土地承包经营纠纷仲裁规则》（以下简称《规则》），自 2010 年 1 月 1 日起施行。

【拓展阅读】

《农村土地承经营纠纷仲裁规则》

《规则》适用于因订立、履行、变更、解除和终止在履行农村土地承包合同过程中发生的纠纷，因农村土地承包经营权转包、出租、互换、转让、入股等流转发生的纠纷，因收回、调整承包地发生的纠纷，因确认农村土地承包经营权发生的纠纷，因侵害农村土地承包经营权发生的纠纷，以及法律、法规规定的其他农村土地承包经营纠纷。因征收集体所有的土地及其补偿发生的纠纷，不属于仲裁委员会的受理范围，可以通过行政复议或者诉讼等方式解决。

【拓展阅读】

出现农村土地承包经营纠纷怎么办？

出现农村土地承包经营纠纷，当事人可以向农村土地承包仲裁委员会申请仲裁。仲裁的时效期间为 2 年，当事人知道或者应当知道其权利被侵害时，应在有效期内提出申请。当事人申请仲裁，应当向纠纷涉及土地所在地的仲裁委员会递交仲裁申请书。申请书可以邮寄或者委托他人代交。书面申请有困难的，可以口头申请，由仲裁委员会记入笔录，经申请人核实后由其签名、盖章或者按指印。

有下列情形之一的，仲裁委员会不予受理：①不符合申请条件；②人民法院已受理该纠纷；③法律规定该纠纷应当由其他机构受理；④对该纠纷已有生效的判决、裁定、仲裁裁决、行政处理决定等。

不服仲裁裁决的，可以在收到裁决书之日起30日内向人民法院起诉，逾期不起诉的，裁决书即发生法律效力。一方当事人不履行生效的裁决书所确定义务的，另一方当事人可以向被申请人住所地或者财产所在地的基层人民法院申请执行。

全国设立农村土地承包仲裁委员会已经有2 259个，占农业县（市、区）总数80%；共聘任仲裁员2万多名；化解农村土地承包经营纠纷54.51万件，有效地维护了广大农民的土地承包经营权益，促进了农村社会和谐稳定。

第三节　合作社社员参与社会化服务的要点

一、专业合作社能提供的服务内容

随着农业专业化、商品化的发展，广大农民对社会化服务的要求更为迫切，需要产前、产中和产后系列化的服务产品，其内容也更具广泛性和多层次性，广大农民希望社会提供以下10个方面的服务。

（一）销售服务

农民迫切需要社会提供稳定的销售服务，通过"订单"式生产、建立农副产品专业批发市场、组织营销经纪人直接上门收购等形式，解决农产品"卖难"问题。

（二）信息服务

要建立起信息的搜集、分析、整理、发布和利用的快速反应机制，为农民提供致富生产项目、生产结构调整、产品销售、生产资料价格、土地流转等信息，指导农民生产。

（三）科技服务

通过技术培训、技术辅导、技术咨询、技术承包等形式，帮助农民解决生产技术难题，为农民生产提供技术支撑。

（四）物资服务

主要是化肥、种子、农药等生产资料的供给，他们对购买农用物资更关心的是农资的价格和质量，也希望政府进一步规范农资市场，严肃查处坑农、害农等行为，保护农民切身利益。

（五）加工服务

为农民提供农产品的初级加工、冷藏保鲜等，既平衡市场供应，又提高了农产品的附加值，增加农民收益。

（六）劳务服务

农村劳动力的大量转移，劳务服务已呈现出旺盛需求，农民希望社会为他们提供"全程托管""代耕代种""统防统治"等服务。

（七）金融服务

在产业化经营的起步阶段，农民尤其需要金融的支持。要不断创新发展金融服务组织，丰富金融服务产品，优化贷款手续，降低融资成本，为农民提供融资、农业担保和农业保险等系列服务。

（八）经营决策服务

包括生产布局规划、项目可行性论证以及经营方面的意见、建议等，使决策更有科学性。

（九）政策服务

现阶段的农民比以往任何时候都渴望国家和各级政府提供一些政策性的服务。一方面希望能把现有政策落到实处，并能得到政策咨询、政策指导等方面的服务。另一方面，又寄希望能够出台更多、力度更大的扶持政策，包括产业发展的扶持政策，农产品总量的宏观调控政策，有利于服务组织发展的促进政策等。

（十）法律服务

主要是普法宣传、法律咨询、契约公证、合同仲裁和诉讼提供服务，帮助农民运用法律武器维护自身的合法权益。

二、农业社会化服务体系还不完备

对照农民的愿望和发展现代农业的要求，现有的农业社会化服务体系还很不完备，主要表现在以下几个方面。

一是从服务主体看，村经济合作社是社会化服务的基础，长期以来，为农民提供机耕、灌溉等服务，但由于受财力、人力、智力等因素的制约，限制了服务的广度和深度。基层农技推广部门是社会化服务的主力军，但服务人员年龄老化、知识单一、服务方式陈旧是其共性的问题。农民专业合作社是一支新崛起的有生力量，但也存在着规模小、实力弱和运作机制以及利益联结机制不完善等问题。目前，全市已建有专业合作社71家，社员6 200户，占全市农户数的7%，覆盖面还很小。农业龙头企业37家，同样也存在着服务功能不全、带动能力不强和利益联结不紧密等问题。各服务组织之间还存在着组织分散、互不联系配套等问题，影响了服务的整体效益。

二是从服务内容看，当前为农民提供的服务主要集中在统一提供良种和栽培技术、统一灌溉等有限项目上，服务项目单一、服务质量低，缺少针对性，而农民迫切需要的种植结构调整、标准化品牌化生产技术、农产品销售、加工、包装以及资金信贷等方面的服务仍然是短腿，服务的有效性有待于进一步提高。

三是从利益联结看，当前，基层农技推广部门的服务、集体经济组织的内部服务以及民间的各种合作性质的服务很少是视同商品实行等价交换，大都是作为扶持性或自助性服务以无偿或低偿的形式提供给每个农民，这就限制了农业社会化服务的商品化进程，也削弱了服务主体提供服务的内在动力。

四是从政策保障看，农业服务组织为农业生产提供各种服务，当前困难在于既得不到足够的财政支持，又不能按照市场经济等价交换的原则完全商品化，在开展服务活动中遇到资金、税收、用地等多种政策性障碍，制约了服务组织的自我发展。

三、农业社会化服务模式的现实选择

要加快构建以公共服务机构为依托、要以合作经济组织为基础、龙头企业为骨干、其他社会力量为补充，公益性服务和经营性服务相结合、专项服务和综合服务相协调的多元化、多层次、多形式的新型农业社会化服务体系。这个体系必须打破城乡、地区、行业、所有制的界限，广泛运用行政、经济和技术等手段，与农户结成经济共同体，为农户提供产供销一条龙服务，实行贸工农一体化经营。

（一）国家农技推广机构综合服务模式

政府主管的农业技术推广机构，承担着公益性的服务职能，并有着技术、信息及网络等优势，通过联产业联基地联农户，对产业的规划布局、技术引进、示范推广等提供系列服务，促进优势产业发展。

（二）农村集体经济组织兴办各类服务组织模式

农村集体经济组织起着外联政府职能部门，内联广大农户的纽带作用。农村集体经济组织所提供的内部服务，是整个农

村社会化服务体系的基础。因此，要大力发展村级集体经济，壮大村级经济实力，建立各类服务组织，强化集体统一服务功能，为农户生产经营实行全程服务。

（三）农民专业合作社（或产业协会）模式

农民专业合作社是以产业为基础、资金为纽带，将单个农民组织起来的合作经济组织，为农户提供信息、技术、购销等产前、产中、产后的服务，随着组织规模的扩大和建设规范，必将成为农业社会化服务的重要力量。在合作社巩固和发展的基础上，各合作社又可自愿按产业联合，逐步组成从地方到中央的联社或产业协会，代表农民在经济、法律、税收等方面的利益，保持与政府及国内外合作组织的联系。

（四）村级综合服务社模式

结合农村新社区建设，建设以村部办公、生产生活资料供应、社区卫生服务、文体活动和教育培训等"五位一体"为主要内容的村级综合服务社，让农民群众在家门口享受系列公共服务。

（五）农业龙头企业模式

农业龙头企业一头连市场，一头连基地连农户，企业利用自身的加工、冷藏、包装、市场等设备设施优势，负责收购农产品加工原料或销售鲜食农产品，其"订单"式一条龙服务更受农民欢迎，极大地提高了农民抗御自然风险和市场风险的能力，对推进产业发展，促进农民增收有较强的带动作用。

（六）农村经纪组织（人）模式

农村经纪组织（人）利用掌握市场信息较广的优势为生产者和销售商之间架起沟通的桥梁，在确保产品质量和数量的前提下，为生产者提供产品销售信息，为销售商提供产品供应信息，有力地促进产品的市场流通。

模块七 农民专业合作社的市场营销

第一节 农业营销的概述

一、农业市场营销

（一）市场营销的概念

市场营销是指农民专业合作社选择目标市场，通过提供、出售产品，以满足消费者需要，获得、保持和增加消费者，并从中获取产品价值和自身利益的一种管理过程。

1. 市场营销是一种创造性的行为

市场营销活动形式上是在出售产品，实质上是为满足消费者需要而进行的创造性活动。市场营销不仅要寻找已经存在的需求并满足需求，而且应当激发和调动消费者潜在的需求，让广大消费者认同并接受农民专业合作社的产品和服务。

2. 市场营销是一种自愿交换的行为

买卖是双方自由交换产品或劳务。通过买卖，交换双方都取得了回报，满足其自身需要。所以，交换是市场营销的基础，市场营销是一种自愿交换的行为。

3. 市场营销是一种满足需要的行为

市场营销的核心是满足消费者的需要。满足消费者的需要和欲望，是农民专业合作社市场营销工作的出发点，所以，市场营销是满足消费者需要的行为。

4. 市场营销是一个系统的管理行为

市场营销不仅包括农民专业合作社在生产销售产品（或

劳务）之前的经济活动，如生产环境信息搜集、市场调研、市场机会分析、选择目标市场、产品开发等，而且包括进入销售过程的一系列经济活动，如产品定价、选择销售渠道、开展促销活动、提供销售服务等，以及售后服务、信息反馈。市场营销并不局限于流通范畴，而且涉及生产、分配、交换和消费的整个经济活动，是一项系统工程。

5. 市场营销是一种实现目的的手段

市场营销的直接目的是获得、保持和增加消费者，最终目的是为农业专业合作社及其成员争取最大利益。在市场经济条件下，农民专业合作社是以盈利为目的的经济组织，通过开展市场营销，不断扩大消费群体，提高产品的市场占有率，最终实现经济效益的提高。

6. 市场营销是一根联结社会的纽带

市场营销活动必须权衡和兼顾农民专业合作社的利益、消费者的利益和社会利益，农民专业合作社才能实现持续、稳步地发展。

（二）市场营销的任务

农民专业合作社市场营销活动，是在不断满足消费者需要的前提下，通过对需求的调节实现其营销目标。市场营销的任务就是管理和处理需求并建立可盈利的顾客关系，即需求管理和顾客管理。

1. 需求管理

市场需求状态总是不断变化的，农民专业合作社的市场营销活动要针对不同的需求状况，采取相应的营销策略和制订相应的营销任务，满足消费者的需求和欲望。

一般而言，市场有 8 种典型的需求状态：①无需求状态下市场营销的任务；②潜在需求状况下市场营销的任务；③负需求状况下市场营销的任务；④充分需求状况下市场营销的任务；⑤下降需求状况下市场营销的任务；⑥不规则需求状况下市场营销的任务；⑦过度需求状况下市场营销的任务；⑧有害需求状况下市场营销的任务。由此可知，市场营销管理的任务，就是面对不同的需求状态，采取不同的营销方式，以适应市场需求的变化。

2. 顾客管理

管理需求的结果是对顾客的管理。农民专业合作社的需求来自两组顾客——新顾客和旧顾客。农民专业合作社市场营销的任务，不仅是设计市场营销策略来招揽新顾客并达成与新顾客的交易，而且更重要的是要保住现有顾客，建立持久稳固的顾客关系。

农民专业合作社与顾客之间存在 5 种不同层次的营销关系，在不同层次上保持不同的顾客关系，花费的成本也不同。

（1）基本型营销。销售人员出售产品后不再与顾客联系。这是大多数农民专业合作社采用的传统营销。虽然花费的成本较小，却不利于农民专业合作社与顾客保持良好的关系。

（2）反应型营销。销售人员出售商品的同时，鼓励顾客向农民专业合作社反馈意见，提供改进建议。只有当产品出现问题或顾客反映不满意时，才与顾客建立关系。

（3）可靠型营销。销售人员在出售产品后主动与顾客沟通联系，了解顾客的期望，征求顾客的意见，不断改进顾客关系。

（4）主动型营销。销售人员经常与顾客联系，介绍产品用途或开发的新产品。

（5）合伙型营销。销售人员与顾客一直保持畅通的联系，探寻影响顾客消费的营销方式，帮助顾客寻找实现消费的最佳途径。

后 3 种都属于主动型市场营销，有利于建立稳定的、持续的、友好的、可盈利的顾客关系。农民专业合作社要加强顾客管理，积极推行主动型市场营销，不断改进和完善顾客关系，不断拓展国内外市场。

二、农业市场建设

(一) 市场建设的概念

市场建设是指在政府的扶持和指导下，通过大型超市、商业企业、农产品流通企业等，与农民专业合作社建立农产品稳定购销合作关系的市场模式与市场平台的总称。加强农产品市场建设，对农民专业合作社的营销工作将会产生如下积极作用。

(1) 市场建设有利于发挥商业企业在消费信息、管理能力等方面的优势，通过物流配送、生产技术、产品销售等手段介入农民专业合作社的生产、销售等多个方面，实现小生产与大市场的衔接。

(2) 市场建设有利于农产品生产的全程质量监控，形成优质农产品品牌，提高产品竞争力，确保农产品质量安全。

(3) 市场建设有利于减少流通环节，搞活农产品流通，降低交易成本，增加农民收入，推进现代农业发展和新农村建设。

(二) 市场模式

1. 订单农业模式

农产品市场流通主体与农民专业合作社通过签订产品订单，实行契约收购，建立起稳定、长期合作的产销合作关系。

(1) 规范订单。订单的内容要涵盖双方的权利和义务、履约方式、违约处理等条文和规定，使用统一合同格式，明确流通企业和农民专业合作社都是合同主体，其他第三方不能包办代替。

(2) 法制观念。订单合同是联结农民专业合作社和市场主体的有效形式，一经签订，双方必须认真履约，主张权利，承担义务，严格遵守订单合同。

2. 农超对接模式

各类连锁超市与农民专业合作社合作，通过建立直接采购基地，直接采购农民专业合作社及其成员产品，构建长期、稳定、紧密的对接合作关系。

（1）超市主导型对接模式。超市利用对农产品需要信息的灵敏反应，出资金、出技术主导农民专业合作社生产过程，帮助农民专业合作社建立农产品生产基地，在此过程中超市一直居于主导地位。如家乐福从 2007 年开始就一直同全国各地的农民专业合作社合作，推行"直采模式"，还对农民专业合作社进行专题培训，提高农民专业合作社的管理水平，使农产品生产达到国家安全标准。

（2）合作社主导型对接模式。农民专业合作社发展到一定程度后，把流通环节作为自身产业链条的一部分加以延伸和拓展，采用连锁经营、统一配送等现代流通方式，在对接中农民专业合作社居于主导地位。这种对接模式大都是农产品安全程度较高，品牌意识较强，仓储冷库建设较为先进，运输营销手段较为便利。如四川省都江堰市禹王莲花湖奇异果合作社引导成员规范化种植，标准化生产，通过了欧盟良好农业操作认证，家乐福、麦德龙等国际连锁超市都期望与其合作。又如郫县锦宁韭黄专业合作社在政府的支持下，加强农产品冷库建设，建立蔬菜配送中心，把当地所有蔬菜品种联合起来统一包装、制作和配送，解决农民专业合作社与超市对接中农产品品种单一的问题。此外，四川省都江堰市、蒲江县、安岳县、龙泉驿区、眉山市五家水果专业合作社，与甘肃省和江西省的两家农民专业合作社建立"联合社"，实现信息、设施、谈判等资源共享，以联合社身份参与超市谈判，拿到订单后，再分派给每家农民专业合作社；联合社按利润的 20% 提取费用，用于联合社市场开拓。

3. 农产品流通企业介入型对接模式

（1）合作社弱势型对接模式。农民专业合作社的市场营销功能在不完善的情况下，把营销功能从农民专业合作社中分离出来，由专门公司负责接洽业务及谈判，并承担产品品牌开发，实现与超市对接。如都江堰市禹王生态农业公司做营销先锋，申报原产地认证，设计新颖包装，使农民专业合作社产品进入欧洲市场。

（2）超市弱势型对接模式。一般中小型超市，因其实力还不足以建立配送中心，只有通过产地批发市场购买大宗农产品。

（三）市场平台建设

农民专业合作社市场平台建设是指各级政府和有关部门通过提供产品交易场所、市场信息服务、产品促销推介活动等形式，为实现农民专业合作社产品销售所创造的营销条件。

1. 农民专业合作社产品直销市场

各级政府和有关部门在连锁超市、农贸市场、便民店、社区菜点、平价超市等市场内划定专门的农产品直销区域，搭建直销平台，为消费者提供安全、质优、新鲜、价格合适的农产品。此外，农民专业合作社产品还可以直接进入学校、军队、企业、机关等消费场所。

2. 市场信息服务

通过广播、电话、报纸、电视、网络等信息服务工作平台建设，实现信息共享，解决信息服务"最后一公里"的问题。如当前四川省重点抓的省农信网、"新农通"等信息平台建设工作。

3. 产品展示展销活动

近年来，四川省通过"中国农交会""珠洽会""西博会""西部农交会""农民专业合作社农产品新春大联展"等方式，加大农民专业合作社产品宣传力度，扩大销售半径，提高市场占有率，拓展了农产品市场。

4. 强化农产品"绿色通道"建设

四川省对鲜活农产品运输实行"绿色通道"政策，对整车合法装载鲜活农产品的运输车辆免收车辆通行费。

5. 加强农产品市场秩序监管

严厉打击坑农害农、串通涨价、囤积居奇、欺行霸市等行为，保证市场秩序平稳运行。

第二节　农业专业合作社营销观念

一、农业专业合作社的激励机制

20 世纪 50 年代后期，美国的行为科学家弗雷德里克·赫茨伯格（Fredrick Herzberg）提出了双因素论，也称"保健因素—激励因素理论"。该理论认为，引起人们工作动机的因素主要有两个：一是保健因素，二是激励因素。只有激励因素才能给人们带来满意感，保健因素只能消除人们的不满，但不会带来满意感。

保健因素是指工作环境和条件因素，如企业组织的政策和行政管理、基层人员管理的质量、与主管人员的关系、工作环境与条件、薪金、与同级的关系、个人生活、与下级的关系和安全等 10 个方面。虽然这些因素不能直接激励员工，但缺少了它，员工一定会不满意，就会产生消极懈怠情绪，直接影响工作效率。

而激励因素则往往与工作本身的特点和工作内容有关，如工作成就、工作成绩得到承认、工作本身具有挑战性、责任感、个人得到成长、发展和提升 6 个方面。这类因素对员工能起到直接的激励作用。它们的改善，或者说这类需要的满足，往往能给员工以很大程度的激励，产生工作的满意感，有助于充分、有效、持久地调动他们的积极性。

在具体的管理实践中，这两个因素也会相互转换。像平均分配的工人工资、奖金等福利待遇是纯粹的保健因素，起不到激励作用。相反，如果待遇与个人工作实绩挂起钩来，就会产生明显的激励效果。尽管表扬嘉奖是激励因素，但如果标准不严，搞平均主义，轮流坐庄，激励因素也会大打折扣，甚至演变成保健因素，发挥不了任何激励作用。

企业经营中同样存在双因素论，尤其是企业经营的成败直接与这两类因素有关：保健因素和商业创意。所谓保健因素，是指某些经营方式和方法已经被公认为企业健康经营的起码要求，如果缺乏保健因素，该企业就失去了与对手同台竞争的资格。所谓商业创意，是指不可复制、难以模仿、独特的商业点子和经营理念等。

一般来说，经营失败的企业大都存在如下原因：①没有一个系统规划、定位明确的战略；②面对瞬息万变的市场反应迟钝；③组织涣散，不思进取，观念落后。因此，要扭转亏损局面，唯有做到：①重视客户及其不断变化的价值体系；②独特的营销卖点；③专业化经营；④不断调整经营策略，实行差异化；⑤重视人才的培养和投资等。

孙子曰："战势不过奇正，奇正之变，不可胜穷也。"在古代作战中，常以对阵交锋为正，设伏掩袭等为奇。就像古代兵法的奇正要术一样，保健因素为正，商业创意为奇，两者相互依存缺一不可。保健因素是对每个企业的基本要求，如果连基本资格都不具备必然被市场淘汰。要想经营成功，仅仅具备基本资格还不行，更要拥有独特卖点和核心能力，并集中体现在商业创意和经营创新上。

"出奇"即是创新，创新是企业生存的根本。追求以"奇"制胜的竞争理念无疑是现代企业创新的原动力之一。比如，农旅结合就是一种创新，它是延长产业链的商业创意。农旅结合是农业旅游，也称观光农业、乡村旅游等，它是利用农业美景和农村空间吸引游客前来观赏、游览、品尝、休闲、体验、购物的一种新型农业经营形态。

又比如，重庆万州区按照"围绕产业育龙头，延伸链条壮龙头"的思路，立足优势特色产业，带动产业优化升级，打造特色品牌，基本形成了一个品种树一个品牌，一个品牌连一个龙头企业的培育发展机制，极大增强了农产品的市场竞争力，从而带动了农业增效、农户增收。抓好双因素，提振产供销，实现两个文明同增长。

二、提高对客户的吸引力

根据吸引力法则，聚焦在你要的，你会得到，聚焦在你不要的，你也会得到。吸引力定律没有排他性，任何你所聚焦的都会被你的磁场吸引进来。一切缘分取决于你而不是别人。所以，必须加强学习和修炼，提升自己的人格魅力，创造机缘吸引客户。然后，动之以情，晓之以理，就可以迅速拿下客户。

（1）威逼利诱。这里的"威"绝对不是权威，而是一种影响力，一种人格魅力；这里的"利"，就是客户的内心渴望与本质需求。钱，不仅代表了货币，还代表了他们的渴望与需求。有时候，一谈到钱，客户的眼睛就会一亮。而赚钱并非只有利润一种，降低成本，杜绝浪费，省钱也是一种赚。比如你可以这样吸引客户：这款烤炉省电30%，这款冷柜多保鲜一周，这套软件让你管理有序……

（2）借力打力，找到客户信任或认可的第三方。杠杆借力告诉我们，你想要做的事，在这个世界上可能早已经有人做到了；你做不到的事情，肯定也有人已经做到了。你只需要找到这些人，直接学习效仿，或者跟他们合作，就可以很快得到自己想要的。比如，你可以告诉客户，是他的某位亲友要你来的。其实，这也是一种迂回战术，因为每个人都有"不看僧面看佛面"的心理，所以，大多数人对亲友介绍来的销售员都很客气。

（3）狐假虎威，借一些著名的公司或成功人士做范例。

由于在很多时候，人们的购买行为常常会受到其他人的影响，因此，作为一名销售员，如果能把握和利用好客户的这层心理，一定可以收到意想不到的效果。比如，"丁老板，由于香港美心的龙经理采纳了我们的建议，公司的营业状况大有起色。"通过举一些著名的公司或人为例，可以壮自己的声势。如果你所列举的例子，正好是客户所景仰或性质相同的企业时，效果更佳。

（4）虚心求教。三人行必有我师。即使你懂得很多，依然要放低姿态不耻下问。当你真诚地向客户请教时，对方一定对你刮目相看。尤其碰到那些长者和成功人士，他们一般都有点好为人师，喜欢指导、教育别人，很愿意分享自己的人生经验。比如，可以这样引入，"徐老板，您是行业公认的专家。这是我们刚研制的新型隧道炉，请您多多指导，看看在设计方面还存在什么问题没?"无论是谁在受到这番抬举后，都会接过产品资料认真看看，一旦被其先进的技术性能所吸引，余下的跟进就简单了。

（5）出其不意。你就是世界的唯一，因此不要苛求自己和别人一样，要善用自己独特的推销方法与推销风格去吸引客户注意。有位日本的人寿保险推销员很聪明，仅用一张名片就引起不少客户的关注。在他的名片上，印有一个大大的"76 600"数字。每位看到这张名片的人都十分好奇："咦，这个数字是什么意思呢?"听此，推销员马上反问道："您知道自己一生中吃多少顿饭吗?"这个问题肯定谁也没有想过，推销员这时就有话可说："是76 600顿。假定退休年龄是55岁的话，再按照日本人的平均寿命来计算，到现在您还剩下19年的饭，即20 805顿。"

（6）东施效颦。尽量模仿客户的行为举止，人们通常喜欢和自己一样的人，比如共同的价值观和信仰，共同的爱好，如喜欢摄影、书法，或笃信佛教、基督教等。另外，贪便宜也是一大人性弱点，时不时来点小恩小惠，也是俘获客户的必杀技。一方面出于礼节和尊重，一方面也是拉近距离，让客户产生好感。

总之，标新立异，让客户关注你；投其所好，让客户喜欢你。

三、增长合作社的业绩

有了合作社，并非一劳永逸。2012 年年底，安徽省五河县大新镇近万亩大白菜长势喜人，进入成熟期，尽管卖价低至每千克 1 角钱，仍出现滞销的尴尬。此外，像怀远石榴、蒙城大白菜等都曾出现过卖难问题，而当地各类合作社并不缺乏，这是为何？从根本上讲，还是生产者与千变万化的大市场之间对接不准、缺乏基本的营销技巧所致。

五河县农旺蛋鸭专业合作社，下辖怡浓工贸公司、新果食品有限公司等。该合作社理事长张永宜深有感触地说，合作社主要提供信息、技术、收购的服务，使生产标准化，使整个产业的稳定性增强，让客户能够得到优质稳定的产品。但是一头扎进茫茫的商海，需要市场灵敏度更高、销售技巧更高的销售人员来应对。

销售的刚性指标就是用业绩说话，其实，决定销售业绩高低的是销售行为，而销售行为又蕴含着销售理念和方法。这就是说，调整一下观念——绝不是销售业绩增长一倍就必须在销售过程中投入双倍的时间和经费，改变一个行为——提高 4 个比率的 20%，都有可能使销售业绩有很大的改变。

美国 TAS 营销咨询集团（The TAS Group）是一家总部在西雅图，研发中心在都柏林、客户中心在爱尔兰，办事处遍及美国各地的营销咨询集团。据 Aberdeen 集团调查显示，TAS 集团 21% 的客户大指标均已实现；使用 TAS 集团的解决方案，54% 以上企业和销售人员的业绩均已达标。他们已经帮助 65

个国家超过 850 000 名销售人员，从小型私人公司到像施乐这类的市场领导者，柯达和阿尔卡特朗讯都是他们的客户。

CEO 多纳尔·达利（Donal Daly）认为，只要你愿意在销售行为上做小小的改进，你的销售业绩就可以增长一倍。这是因为，不同的改进对你的销售业绩有着累积影响。比如，你现在的销售额是 10 万美元，在剔除 20% 不好的潜在目标客户之后，你的时间使用效率更高了，业绩变为 12 万美元；在剔除20% 不是销售机会的目标客户之后，你的时间使用效率又提高了，业绩变为 14.4 万美元；在提高了 20% 的成功转化率之后，业绩变为 17.3 万美元；在平均每一笔生意的金额提高20% 之后，业绩变为 20.7 万美元。多纳尔的方法如下。

（1）把识别目标客户的准确率提高 20%。目标客户的选择很重要，目标客户的质量越高，成交的可能性也越大。为了提高选择目标客户的准确性，你可以总结一下自己在哪些客户那里销售成功了，在哪些客户那里的推销失败了。对你的理想客户做一个素描，将其作为参照物，确定什么样的客户最不可能采购你的产品。现在看看你的目标客户列表，并且根据上面的标准找出哪些客户可能会购买。

（2）把放弃不合适客户的时间缩短 20%。即使你筛选过了销售目标客户的名单之后，仍然会有一些并不真的需要你销售的东西，或者没有钱采购的客户在这个名单上。在这些虚假的机会上浪费时间意味着挤占你花在真正目标客户上的时间。在你第一次和对方交谈的时候，就要问一问对方，"这个问题的重要性和紧迫性如何？""如果你不采纳解决方案的话，你会如何处理这个问题？"然后仔细地听听对方的答案。如果你提供的东西对对方来说并不十分重要的话，就尽快礼貌地结束谈话。

（3）把你的成功转化率提高 20%。显然，你成功赢得的机会越多，赢得的客户就会越多，销售收入也就会越多。虽然将你的成功率提高一倍或两倍是不可能的，但是每个人都可以提高20％。提高成功转化率最简单的方法就是在和潜在客户的交谈中停止努力推销，而是仔细聆听"前进的信号"。把你对失败的恐惧丢到一边，也不要请求对方采购。

（4）把平均每一笔订单的金额提高20％。每一次销售花费的时间和使用的资源都是固定的，完成两笔10 000美元的生意比做成一笔20 000美元的生意所花的时间和精力要多得多。因此，当你跟进一个机会的时候，一定要不断思考你的企业还能够从哪些方面帮助该客户。这不是在追加推销，而是在为客户提供更好的服务。

四、品牌管理

品牌管理有两个重要内容，一个是品牌传播，如提高品牌的知名度、满意度和美誉度等；一个是品牌维护，如信用管理、危机公关等。挽回公司所损失的形象就是一种品牌维护，即针对外部环境变化给品牌带来的影响所进行的维护品牌形象、保持品牌市场地位和品牌价值的一系列活动。

"最安全的城市"是亚洲金融中心香港的城市品牌，岂料也有被人肆意践踏之时。居然有人胆敢劫持警队的一辆前线冲锋车以及车内的5名警员和武器装备，这不得不引起香港警队高层的高度重视。影片《寒战》系统展示了在突发事件中，管理处、行动处、公共关系科、廉政公署等各公务部门的运作协调情况。

危机事件发生后，适逢处长（王敏德饰）出访国外，此时由鹰派人物行动处副处长李文彬（梁家辉饰）与年轻的管理处副处长刘杰辉（郭富城饰）一起负责这个案件，并将行动命名为"寒战"，李文彬任总指挥。"相信自己的判断，非常时期，用非常的办法。警察最大的敌人从来都是自己！"冷静、克制、缜密、反思……如何做好危机公关，如何维护品牌形象,《寒战》给了我们许多启示。

（1）及时面对，真诚沟通。沟通必须以真诚为前提，如果不是真心实意地同公众、同媒体沟通，是无法平息舆论压力的。影片中，当年轻的管理处副处长刘杰辉不知所措时，公共关系科梁紫薇（杨采妮饰）根据专业知识建议其与鹰派人物行动处副处长李文彬进行沟通，而不是自己单独思考独自面对。梁紫薇建议刘杰辉主动与李文彬进行沟通，充分交流信息，通过这种交流扫除信息盲点，从而找到解决问题的切入点。

（2）勇于担当，忠于职守。作为组织，一旦遭遇公关危机事件，就应该坦然面对，勇敢地承担起自己的责任，切忌遮遮掩掩、闪烁其词，这样只会引起公众的反感；如能坦然面对，把事实说清楚，相信公众是会理解的。影片中，当梁紫薇与李文彬发生冲突时，李文彬要求梁紫薇无条件听从命令，执行交代的任务，但梁紫薇始终坚持原则。在日常工作过程中，对于领导交代的任务必须迅速响应以及执行。影片中梁紫薇的建议没有得到李文彬采纳，即使李文彬大发脾气，但她依然坚持自己的观点。有一点需要注意的是，梁紫薇始终坚持的是香港社会的法治精神以及程序规则，是正确地违背领导命令。

（3）权威证实，人文关怀。企业应尽力争取政府主管部门、独立的专家或权威机构、媒体及消费者代表的支持，而不要徒劳地自吹自擂，"王婆卖瓜，自卖自夸"不可能取得客户信赖，必须用"权威"说法，借"权威"来证明自己，别无捷径可走。影片中，当刘杰辉的同事徐永基在执行任务遭遇意外离开时，刘杰辉非常懊恼与低落。深夜，梁紫薇将刘杰辉开车送回家。在这个过程中，梁紫薇将自身的细腻完全体现了出来，她的关怀与细腻对于刘杰辉走出困境恢复战斗力起到了相当重要的作用。

（4）系统运行，秩序控场。当危机事件发生后，组织与公众的沟通至关重要，尤其是组织、与外部公众的沟通更为紧迫。在处理整个危机事件的过程中，组织者要按照应对计划全面、有序地开展工作。影片中，在保安局局长陆明华（刘德华饰）接受香港媒体采访时，现场十分混乱，记者的问题一个接一个，陆明华根本无法招架。这时，梁紫薇主动走到前面，向记者说明提问要举手，问问题要按照顺序来；后来现场又失控时，梁紫薇再一次走到记者前，表达了同样的观点。

（5）坦诚应对，权威表达。作为组织，应主动向媒体及时提供相关信息，并通过媒体引导舆论；处理危机事件过程中取得的每一步进展都及时让媒体了解。影片中，在记者没有遵守规定时，保安局局长陆明华主动停止讲话，直到恢复秩序为止。其讲话简明扼要，铿锵有力，具有很强的现场操控能力。对于不在自己职责范围内的工作，不作直接回答，进行很好地规避以及转移，值得学习。

未来营销将是品牌之战，是为获得品牌主导地位而进行的竞争。企业和投资人将品牌视为企业最有价值的资产，可见品牌的重要性。品牌概念描述了如何培养、强化、保护和管理企业等现象。对投资者来说，拥有市场比拥有企业更重要，而拥有市场的唯一途径是拥有占据市场主导地位的品牌。品牌传播有四大要素：传播的主体、对象、渠道及内容，对此四要素相互关系的深入研究、科学运用，必然会使品牌传播这项长期的系统工程达到高效的目标。

2007 年，养殖能手江金德联合当地 198 名渔民共同出资 8 950万元，组建了余干县赣都特种水产养殖营销专业合作社，主营从事罗非鲫鱼专养、泥鳅精养，斑鲏、银鱼、螃蟹、白鱼、长嘴鳊鱼、黄鳝、鲑鱼、鲶鱼、乌鱼、黄丫头鱼，以及四大家鱼的养殖营销。合作社拥有瑞洪镇、玉亭镇、江埠乡、枫港乡、鹭鸶港乡、洪家嘴乡、信丰垦殖场等乡镇的养殖水面 7 000多亩（15 亩＝1 公顷。全书同）。

品牌是给拥有者带来溢价、产生增值的一种无形资产，它的载体是用以和其他竞争者的产品或劳务相区分的名称、术语、象征、记号或者设计及其组合，增值的源泉来自于消费者心智中形成的关于其载体的印象。品牌是制造商或经销商加在商品上的标志。它由名称、名词、符号、象征、设计或它们的组合构成。一般包括两个部分：品牌名称和品牌标志。

商标是品牌先行的基础。常言道：兵马未动，粮草先行。在赣鄱特种水产养殖营销专业合作社理事长江金德眼里可不是这样，他把决定商场胜负的品牌看作关键要素——粮草。于是，在组建赣鄱专业合作社后，江金德就非常注重品牌建设和传播，他与社员集思广益、自行设计，向国家商标局申请注册了"太祖"商标，为后续的品牌传播打下坚实基础。

资源是品牌先行的关键。该合作社根据自己的优势资源，向国家商标局申请核定的"太祖"商标使用商品属第31类，活体动物、贝壳类动物（活体）、鱼卵、活鱼、变色龙（活体）、虾（活体）、多刺龙虾（活体）、海参（活体）。根据当地的资源特点，该合作社坚持走绿色环保型、生态型、循环经济型的发展道路，实行养殖、种植相结合的立体种养模式，实现资源的循环综合利用和经济效益、环境效益最大化。

管理是品牌先行的保障。该合作社从提高水产养殖户组织化程度入手，一方面积极推行"合作社＋养殖场＋养殖户"和"三统一"（统一品牌、统一收购、统一销售）的运作模式，采取定点采购苗种，统一订购饲料、渔用药物等措施，既发挥了团购优势，降低了生产成本，又避免了乱采购、乱用药现象，确保了产品质量；另一方面，建立"抱团取暖"的渔业经济发展机制，实施"信息共享、技术互通、捆绑经营、品牌发展"战略。

营销是品牌先行的利器。该合作社通过市场化运作，将养殖散户和小户联合起来，形成了"拳头"效应，集体参与市场竞争，既降低了社员的养殖风险，又大大提高了对水产品价格的话语权，给广大水产养殖户带来了可观的经济效益。专业合作社还把营销搞得红红火火，水产品远销福建、浙江、江苏、上海、山东、贵州、四川、湖北等地。合作社有了自己的品牌和网络销售渠道，过去的水产销售仅仅停留于"口口相传，熟人搭桥"，现在是"鼠标一点，合作社的水产信息便四处传遍……"

传播是品牌先行的必然。合作社通过中国农业信息网、中国渔业报、江西省政府网、中国企业报、中国水产养殖网、中国农民专业合作社网、中国现代农业网、今视网等新闻媒体，分别以《余干水产养殖户"抱团"做品牌》《"太祖"商标获国家商标局注册》《江金德，和社员一起设计商标的水产人》《余干数千水产养殖户抱团谋发展》为题，对合作社和江金德进行了宣传报道，为合作社的"太祖"品牌传播摇旗呐喊，推波助澜。

兵马未动，品牌先行。品牌推广有两个重要任务，一是树立良好的企业和产品形象，提高品牌知名度、美誉度和特色度；二是最终要将有相应品牌名称的产品销售出去，比较常用的方式有广告宣传、公共关系、销售促进传播、人际传播等。品牌策略为赣鄱专业合作社带来了巨大收益。2012 年，合作社的养殖产值达到 1.8 亿元，年销售量 5 000 吨，销售额近 2 亿元，合作社成员人均年收入 50.5 万元，远远高于非合作社成员。

第三节　农民专业合作社的市场调查

一、市场调查的概念

市场，在一般意义上讲，就是买卖双方进行商品交换的场所。广义上讲，也包括产品成为商品最终为消费者所接受的过程中，为降低交易费用而设立和制定的各种交易制度、交易规则。它包括"硬件"和"软件"两个部分。农民专业合作社作为一种经济组织，其生产经营活动必然围绕市场这个核心。市场不仅是农民专业合作社生产经营活动的起点和终点，也是农民专业合作社与外界建立协作关系、竞争关系所需信息的传导与媒介，还是农民专业合作社生产经营活动成功与失败的评判者。因此，如何把农民专业合作社生产经营活动与市场需求协调起来，实现供需关系在某种程度上的"动态平衡"，是农民专业合作社市场营销活动的核心和关键。

市场调查就是运用科学方法，有目的、有计划地搜集、整理和分析市场供求双方的各种情报、信息和资料，把握供求现状和发展趋势，为农民专业合作社进行决策提供正确依据的活动。

如果我们把"市场"和"市场调查"做个形象的比喻，"市场"是一种客观存在，是"死的东西"，而"市场调查"是一种创造性的智力活动，是"活的东西"，也是最难把握的。

二、市场调查的内容

农民专业合作社市场调查的内容主要包括以下 4 个方面。

（一）市场环境调查

农民专业合作社在开展经营活动之前，在准备将产品投放到一个新市场时，要对新市场的环境进行调查，通过市场环境调查解决农民专业合作社的产品能否打入新市场，能否占有一定的市场份额，产品在市场上能否立足的问题。主要包括：①经济环境：包括地区经济发展状况、产业结构状况、购买力水平、交通运输条件、科技发展动态、相关法律法规及经济政策等。②自然地理环境和社会文化环境：包括当地的气候条件、自然条件、生活传统、文化习俗和社会风尚等。③竞争环境：调查竞争对手的经营情况和市场优势，目的是采取正确的竞争策略，实行产品差异化策略，与竞争对手避免正面冲突、重复经营，形成良好的互补结构。

（二）市场需求调查

市场需求调查主要是掌握新市场对农民专业合作社产品需求数量以及需要偏好的信息。主要包括：①消费者规模及其构成：主要是消费者人口总数、人口分布、年龄结构、性别构成、文化程度等。②消费者家庭状况和购买模式：主要是家庭户数和户均人口、家庭收支比例和家庭购买模式。家庭是基本的消费单位，众多商品都以家庭为单位进行消费。了解消费者的家庭状况，就基本上掌握了相应产品的消费特点。③消费者的购买动机：大多数消费者的购买动机是求实用、求新颖、求廉价、求方便、求名牌。在调查消费者的各种购买动机时需要注意，消费者的购买动机是复杂多变的，有时真正的消费动机被假象掩盖，调查应抓住主导消费的真正动因。

（三）产品供给调查

农民专业合作社的产品大多有一定的生长周期，如经济林木，从栽种到投产，再到盛产、老化有一定周期，同时不同年份之间产量也有所差异。通过产品供给调查，利用林木生产周期及时调整农民专业合作社产品生产结构，提高经济效益。

主要包括：①了解本社的产品质量情况和产品结构，防止伪劣产品进入市场：要考察农民专业合作社经营产品的品种型号是否齐全、货色是否适销对路、存储结构是否合理、选择的产品流转路线是否科学合理。②产品的市场生命周期：任何一种产品进入市场，都有产品的经济生命周期。在市场调研中，要了解自己的产品处于市场生命周期的哪个阶段，以便按照产品生命周期规律，及时调整经营策略，改变营销重点。③产品成本、价格：通过对市场上相同或类似产品价格变动情况，掌握价格变动规律，做到心中有数，应对有方，确保产品销售渠道顺畅、市场稳定。

（四）流通渠道调查

农民专业合作社的产品要实现其价值，必须从生产领域进入流通领域。按照农产品流通环节划分，流通渠道调查包括以下几种。

（1）批发市场。首先农民专业合作社资金有限，无法单独设立一个直接销售部门；其次由于农产品贮藏时间非常短，通过批发市场建立的分销渠道点多面广，能够迅速采购农产品，降低了市场风险。分为两种形式：独立批发市场（取得农产品所有权后再批发出售商品的市场）、经纪人和代理商市场（对销售起牵线搭桥的作用，不取得商品所有权）。

（2）零售市场。农产品专销店、超级市场、方便商店、仓储商店等。近年来发展迅猛的农超对接零售业，往往第一时间反映出消费者需求。

（3）生产者自销市场和农贸市场。农民专业合作社应重点掌握自销和农贸市场产品交易额、交易种类、品种比重等方面的信息，以分析其对市场主渠道的影响。

第四节　农产品质量安全

做好农产品质量认证是开拓市场、增强市场竞争力的重要手段。对农民合作社来说，获得农产品的质量认证十分重要，要提高农产品的市场竞争力和走向国际市场的重要环节。

一、无公害农产品认证

无公害农产品是指在无污染的生态环境中，采用安全的生产技术，不影响人体健康和生态环境的农产品。农产品由普通农产品发展到无公害农产品，再发展到绿色食品或有机食品，是现代农业发展的必然趋势。

1. 无公害农产品产地认定

没有无公害农产品产地的认定证书，就不能申报无公害农产品认证。申请产地认定的农民专业合作社，应当向产地所在地县级人发政府农业行政主管部门提出申请，并提交以下材料。

（1）《无公害农产品产地认定申请书》。

（2）产地的区域范围、生产规模。

（3）无公害农产品生产计划。

（4）产地环境状况说明。

（5）无公害农产品质量控制措施。

（6）专业技术人员的资质证明。

（7）保证执行无公害农产品标准和范说明。

（8）要求提交的其他材料。

省级农业行政主管部门通过材料审查、现场检查、环境检验和环境状况评价，进行全面评审，作出认定终审结论。符合颁证要求的，颁发"无公害农产品产地认定证书"证书有效期3年。期满后需要继续使用的，农民专业合作社应当在有效期满前90天内按照程序重新办理。

2. 无公害农产品认证

无公害农产品认证工作是由农业部农产品质量安全中心负责。申请无公害农产品认证的农民专业合作社可以通过省级农业行政主管部门或者直接向农业部农产品质量安全中心申请产品认证。申请认证时需提交以下材料。

（1）《无公害农产品产地认定申请书》。

（2）《无公害农产品产地认定申请书》复印件。

（3）产地《环境检验报告》和《环境评价报告》。

（4）产地区域范围、生产规模。

（5）无公害农产品生产计划。

（6）无公害农产品质量控制措施。

（7）无公害农产品生产操作规程。

（8）专业技术人员的资质证明。

（9）保证执行无公害农产品标准和规范的声明。

（10）无公害农产品的有关培训情况和计划。

（11）申请认证农产品的生产过程记录档案。

（12）合作社和成员签订的购销合同范本、成员名单以及管理措施。

（13）要求提交的其他材料。

农民专业合作社向农业部农产品质量安全中心申领《无公害农产品质量认证书》和相关资料。符合颁证条件的，由农业部农产品质量安全中心主任签发《无公害农产品认证证书》；不符合条件的，由农业部农产品质量安全中心书面通知合作社。证书有效期 3 年。期满后需要继续使用的，农民专业合作社应当在有效期满前 90 天内按照程序重新办理。

3. 暂停使用及限期改正

农业部农产品质量安全中心对获得认证的产品进行定期或不定期的检查。有下列情况之一的，农业部农产品质量安全中心可暂停其使用产品认证证书，并责令限期改正。

（1）生产过程中发生变化，产品达不到无公害农产品标准要求的。

（2）经检查、检验、鉴定，不符合无公害农产品标准要求的。

4. 撤销产品认证证书

获得农产品认证证书，有下列情形之一的，农业部农产品质量安全中心可以撤销其产品认证证书。

（1）擅自扩大标志使用范围的。

（2）转让、买卖产品认证证书和标志的。

（3）产地认定证书被撤销的。

二、绿色食品的认证

绿色食品是遵循可持续发展原则，按照特定生产方式生产，经专门机构认定，许可使用绿色食品商标标志的无污染的安全、优质、营养类食品。"按照特定的生产方式"是指在生产、加工过程中按照绿色食品的标准，禁用或限制使用化学合成的农药、肥料、添加剂等生产资料及其他有害于人体健康和生态环境的物质，并实施从土地到餐桌的全程质量控制。为了突出这类食品出自良好的生态环境，并能给人们带来旺盛的生命活力，因此将其定名为"绿色食品"。

1. 使用绿色食品标志的产品条件

（1）产品或产品原料产地必须符合绿色食品生态环境质量标准。

（2）农作物种植、畜禽饲养、水产养殖及食品加工必须符合绿色食品生产操作规程。

（3）产品必须符合绿色食品产品标准。

（4）产品的包装、贮运必须符合绿色食品包装、贮运标准。

2. 绿色食品标志使用权的申请

凡具有绿色食品生产条件的单位与个人均可作为绿色食品标志使用权的申请人。

（1）申请人填写《绿色食品标志使用申请书》一式两份（含附报材料），报所在省（自治区、直辖市、计划单列市）绿色食品管理部门。

（2）省绿色食品管理部门委托通过省级以上计量认证环境保护监测机构，对该项产品或原料的产地进行环境评价。

（3）省绿色食品管理部门对申请材料进行初审，并将初审合作的材料报中国绿色食品发展中心。

（4）中国绿色食品发展中心会同权威的环境保护机构，

对上述材料进行审核。合格的，由中国绿色食品发展中心指定的食品监测机构对其申报产品进行抽样，并依据绿色食品质量和卫生标准进行检测；对不合作的，当年不再受理其申请。

（5）中国绿色食品发展中心对质量和卫生检测合格的产品进行综合审查（含实地核查），并与符合条件的申请人签订"绿色食品标志使用协议"，由农业部颁发绿色食品标志使用证书及编号；报国家工商行政管理总局商标局备案，同时公告于众。

3. 绿色食品的使用要求

（1）绿色食品标志在产品上的使用范围限于由国家工商行政管理总局认定的《绿色食品标志商品涵盖范围》。

（2）绿色食品标志在产品上使用时，须严格按照《绿色食品标志设计标准手册》的规范要求正确设计，并在中国绿色食品发展中心认定的单位印刷。

（3）绿色食品标志的农民专业合作社，须严格履行"绿色食品标志使用协议"。

（4）使用绿色食品标志的合作社，改变其生产条件、工艺、产品标准及注册商标前，须报经中国绿色食品发展中心批准。

（5）由于不可抗拒的因素暂时丧失绿色食品生产条件的，农民专业合作社应在 1 个月内报告省部两级绿色食品管理机构，暂时终止使用绿色食品标志，待条件恢复后，经中国绿色食品发展中心审核批准，方可恢复使用。

（6）绿色食品标志使用权自批准之日起 3 年有效。期满后继续使用的，须在 90 日内重新申报。未重新申报的，视为自动放弃使用权。

（7）使用绿色食品标志的农民专业合作社，在有效的使用期限内，应受中国绿色食品发展中心指定的环保、食品监测部门对其使用标志的产品及生态环境进行抽查，抽查不合格的，撤销其标志使用权。

三、有机食品的认证

有机农业要求完全不用化学合成的化肥、农药、生长调节剂、畜禽饲料添加剂等物质。有机食品与国内其他优质食品的最显著差别是，前者在其生产和加工过程中绝对禁止使用农药、化肥、激素等人工合成物质，后者则允许使用这些物质。有机食品是一类真正源于自然、富营养、高品质的环保型安全食品。

目前，经认证的有机食品主要包括一般的有机农作物产品（例如，粮食、水果、蔬菜等）、有机茶产品、有机食用菌产品、有机畜禽产品、有机水产品、有机蜂产品、采集的野生产品以及用上述产品为原料的加工产品。国内市场销售的有机食品主要是蔬菜、大米、茶叶、蜂蜜等。

1. 有机食品应具备下列条件

（1）有机食品在生产和加工过程中必须严格遵循有机食品生产、采集、加工、包装、贮藏、运输标准，禁止使用化学合成的农药、化肥、激素、抗生素、食品添加剂等，禁止使用基因工程一技术及该技术的产物及其衍生物。

（2）有机食品在生产和加工过程中必须建立严格的质量管理体系、生产过程控制体系和追踪体系，因此，一般需要有转换期。

（3）有机食品必须通过合法的有机食品谁机构的认证。

2. 有机食品认证的程序

（1）提出申请，填写申请表。

（2）填写调查表并提供有关材料。

（3）认证机构审查材料并派遣检查员实地审查（包括产品抽样）。

（4）检查员将实地检查报告报送颁证委员会。

（5）颁证委员会根据综合材料进行评审，评审结果分3种情况。

①同意颁证。②转换期颁证或有条件颁证。③不能颁证。

绿色食品作为安全优质品牌，政府推动与市场引导并行，坚持证明商标与质量认证管理并重；而有机食品作为扩大农产品出口的有效手段，坚持以国际市场需求为导向。因此，农民专业合作社首先应在认证无公害农产品、绿色食品的基础上，因地制宜地发展食品。

四、食品质量安全市场准入标志（QS）认证

1. 质量标志的特征

目前，常见的质量标志有国家免检产品标志，QS标志、生产许可证标志等。质量标志主要特征是：质量标志的作用是表明农产品质量的水平，是实物产品的质量信誉标志；质量标志必须由国家规定的发证机关或组织颁发，并经过一定评审、考核程序，获准后方可使用。

农民专业合作社食品加印（贴）QS的意义。

（1）说明农民专业合作社食品加工经过了保证产品质量必备条件审查，并取得了食品生产许可证，具备生产合格食品的环境、设备、工艺条件，生产中使用的原材料符合国家有关规定，生产过程中检验、质量管理达到国家有关要求，食品包装、贮存、运输和装卸食品的容器、包装、工具、设备安全、清洁、对食品没有污染。

（2）证明该食品出厂前已经经过检验并合格，食品各项指标均符合国家有关标准规定的要求。

2. 食品质量安全标志的使用范围

自2004年1月1日起，我国首先在大米、食用植物油、小麦粉、酱油和醋五类食品行业中实行食品质量安全市场准入后相继对第二批十类食品肉制品、乳制品、方便食品、速冻食

品、膨化食品、调味品、饮料、饼干、罐头等实行市场准入制度。国家质检总局将用3~5年时间，对全部28类食品实行市场准入制度。

3. 使用 QS 的规定

取得"食品生产许可证"的食品生产加工单位，出厂产品经自行检验合格或者委托检验合格的，必须加印（贴）食品市场准入标志后方可出厂销售。但必须加印（贴）在最小销售单位的食品包装上，QS 标志的图案、颜色必须正确，并按照国家质检总局规定的式样放大或缩小。加印（贴）QS 标志是食品生产加工单位的自主行为，企业按照国家质检总局规定的式样、尺寸、颜色有权选择印还是贴，任何单位不得强令印或贴。

4. QS 标志的认证

QS 认证主要包括 3 项内容：一是对食品生产企业实施食品生产许可证。二是对企业生产的出厂产品实施强制检验。三是对实施食品生产许可制度、检验合格的食品加贴市场准入标志，即 QS 标志。

5. QS 认证的程序

（1）申请阶段。从事食品生产加工的企业（含个体经营者），应按规定程序获取生产许可证。新建和新转产的食品企业，应当及时向质量技术监督部门申请食品生产许可证。省级质量技监部门在接到企业申请材料后，在 15 个工作日内组成审查组，完成对申请书和资料等文件的审查。企业材料符合要求后，发给《食品生产许可证受理通知书》。

企业申报材料不符合要求，企业从接到质量技术监督部门的通知起，在 20 个工作日内补正，逾期未补正的，视为撤回申请。

（2）审查阶段。企业的书面材料合格后，按照食品生产许可证审查规则，在 40 个工作日内，企业要接受审查组对企业必备条件和出厂检验能力的现场审查。现场审查合格的企业，由审查组现场抽封样品。

审查组或申请取证企业应当在 10 个工作日内（有特殊条件的除外）。将样品送达指定的检验机构进行检验；经必备条件审查和发证检验合作而符合发证条件的，地方质量技监部门在 10 个工作日内对审查报告进行审核，确认无误后，将统一汇总材料在规定时间内报送国家质检总局；国家质检总局收到省级质量技监部门上报的符合发证的条件的企业材料后，在 10 个工作日内审核批准。

（3）发证阶段。经国家质检总局审核批准后，省级质量质监部门在 15 个工作日内，向符合发证条件的生产企业发放食品生产许可证及其副本。

食品生产许可证的有效期一般不超过 5 年。不同食品其生产许可证的有效期限在相应的规范文件中规定。

在食品生产许可证有效期满前 6 个月内，企业应向原受理食品生产许可证申请的质量技术监督部门提出换证申请。质量技术监督部门应当按规定的申请程序进行审查换证。

对食品生产许可证实行年审制度。取得食品生产许可证的企业，应当在证书有效期内，每满 1 年前的 1 个月内向所在市（地）级以上质量技术监督部门提出年审申请。年审工作由受理年审申请的质量技术监督部门组织实施。年审合格的，质量技术监督部门应在企业生产许可证的副本上签署年审意见。

食品生产加工企业在食品原料、生产工艺、生产设备，或者开发生产新种类食品等生产发生重大变化时，应当在变化发生后的 3 个月内，向原受理食品生产许可证申请的质量技术监督部门提出食品生产许可证变更申请。受理变更申请时，质量技术监督部门应当审查企业是否仍然符合食品生产企业必备条件的要求。

企业名称发生变化时，应当在变更名称后 3 个月内向原受理食品生产许可证申请的质量技术监督部门提出食品生产许可证更名申请。

第五节　农产品品牌建设

一、品牌的概念

品牌包括品牌名称和品牌标志。品牌名称包含文字、数字、图案等、易于口传。如月饼有稻香村、杏花楼、全聚德等。品牌标志是品牌中可以识别，但不能用语言表达的部分，包括符号、图案、颜色等。如熊猫电视有"熊猫"图案等。品牌标志设计的要求是：特点鲜明，能很好地反映企业和产品的特色；造型美观、大方、符合国家的法律和社会习俗；简单醒目，易于识别、辨认、记忆和传播；符合市场目标和顾客偏好，寓意产品效用。

二、品牌作用

品牌无论对企业还是对消费者都有重要意义。对企业来说，品牌名称可以起到促销作用，由于有识别标记，能鼓励或吸引顾客购买。品牌名称可以造成产品差异，价格区别，所以，还是对付竞争者的工具。对消费者来说，品牌几乎成了质量保证，利用品牌名称去识别产品已成为消费都识别假冒产品的武器。除此之外，有时消费者购买品牌商品可以提高自己的形象。

三、商标

商标是商品的法律标记，俗称牌子。产品的商标是由文字名称、图案记号或二者组合而成的一种设计品，在我国由工商局注册登记后，便成为企业专有标记——商标。经注册后的商标有"R"标记，或"注册商标"字样，商标注册人和注册商品受法律保护。

商标与商品名称既紧密相联，又有本质区别。某产品的品牌与商标可以相同，也可以不同，它们都是产品的标记。但是商标必须办理注册，而品牌无须办理注册。品牌经过注册后成为商标，商标是一个法律名词，一个品牌或它的一部分经过注册后才能成为受法律保护的专用的商品标记即商标。

四、商标专用权

1. 商标专用权的概念

商标专用权，是指商标所有人依法对其注册商标所享有的专有权利。《商标法》第三条规定，经商标局核准注册的商标为注册商标，商标注册人享有商标专用权，受法律保护。

2. 商标专用权的特点

商标专用权的内容，是指商标注册人依法享有的权利。主要有以下4个特点。

（1）它是经商标部门批准而获得的特殊权利，具有独占性和排他性，他人不得仿制、伪造或在同类商品、类似商品，或服务上使用与注册商标相同或近似的商标。

（2）具有时间性。我国商标法规定商标专用权的有效期是10年，到期可以申请继续使用，否则就失去了使用权。

（3）商标权利是一种财产权，其价值是难以估量的。

（4）商标专用权受严格地地域限制，在某国取得商标专用权就受该国的法律保护。

五、品牌和商标对农民专业合作社的意义

建立一个优秀的品牌，可以大大提高合作社及其商品的知名度和信誉。

（1）有助于产品销售和占领市场。品牌一旦形成一定的知名度和美誉度后，合作社就可利用品牌优势扩大市场，促成消费者品牌忠诚，品牌忠诚度使合作社在竞争中得到某些保

护，并使他们在制定市场营销企划时具有较大的控制能力。

（2）有助于稳定产品价格。由于品牌具有排他专用性，在市场激烈竞争的条件下，一个强有力的知名品牌可以像灯塔一样为不知所措的消费者在信息海洋中指明"避风港湾"，消费者都乐意为此多付出代价。

（3）有助于新产品开发，节约新产品投入市场成本。一个新产品进入市场，风险是相当大的，而且投入成本也相当大，采用现有的知名品牌，利用其一定的知名度和美誉度，推出新产品，采用品牌延伸，可节省新产品广告费。

（4）有助于企业抵御竞争者的攻击，保持竞争优势。新产品一推出市场，如果畅销，很容易被竞争者效仿，但品牌忠诚是竞争者通过模仿无法达到的，品牌忠诚是抵御同行竞争者攻击的最有力的武器。所以品牌可以看成是企业保持竞争优势的一种强有力的工具。

第六节　产品包装策略

一、包装的意义

商品是产品和包装的结合，包装是构成商品的重要组成部分。商品包装不仅仅是盛装商品、保护商品采取的一种措施，同时也是宣传商品的一种手段。因为优良的包装有助于商品的陈列展销，有利于消费者识别选购、携带和使用，激发消费者购买欲望，从而促进销售。因而人们常把包装设计称为"产品推销设计"，把商品的包装称为"沉默的推销员"。农产品统一包装对农民专业合作社具有重要的意义。

（1）通过农产品包装的标准化，可以提高包装的生产效率，便于农产品识别。

（2）通过农产品包装的标准化，可以提高包装质量，节省包装材料，节省流通费用，也便于专用运输设备的使用。

（3）可以从法律的角度促进可回收型包装的使用，促进农产品包装的回收利用，节省社会资源。

二、包装的基本策略与要求

农民专业合作社在使用统一品牌包装上，要体现一致性，即对合作社对其推向市场的各种产品，在包装上采用相同的形状、色彩、图案，使它们具有共同的特点，以便于消费者辨认和记忆。

按照《中华人民共和国农产品质量安全法》的要求，农民专业合作社从事农产品收购和销售，应当统一包装或者附加标识。包装物或标识上应当按照规定标明产品的品名、产地、生产者、生产日期、保质期、产品质量等级等内容。主要要求如下。

（1）保护产品。包装最重要的要求是它应能保护产品，使之不受损害和损失。因此应根据不同产品的形态、特征和运输、销售环境等因素，以最适当的材料、设计合理的包装容器和技术，赋予包装充分的保护功能，保护内装产品的安全。

（2）方便生产。现代商品包装能为人们带来许多方便，对于提高工作效率和生活质量都能发挥重要作用。所以要求大批量生产的产品，包装要适应生产企业机械化、专业化、自动化的需要，兼顾资源能力和生产成本，尽可能提高劳动生产率。

（3）方便贮藏使用。对每件包装容器的质量、体积（尺寸、形态等）均应考虑各种运输工具的方便装卸，便于堆码；也应考虑人工装卸货物质量一般不超过工人体重的40%（限于20千克左右）等。合适的包装应使消费者在开启、使用、保管、收藏时感到方便。如用胶带封口的纸箱、易拉罐、喷雾包装、便携式包装袋等，以简明扼要的语言或图示，向消费者说明注意事项及使用方法。

（4）方便处理。部分包装具有重复使用的功能，例如各种材料的周转箱，装啤酒、饮料的玻璃瓶，包装废弃物（纸包装、木包装、金属包装等）的回收再生，便于回收复用，利于环境保护、节约资源。

第七节　农产品分销渠道

在市场经济高度发达的社会里，大多数商品不是由生产者直接供应给消费者和用户的，而是要通过一定的中间渠道，才能从生产领域进入消费领域。研究农产品的分销渠道就是要探讨如何使生产经营者的产品又快又省地送到消费者手中。一个网络遍布的分销渠道是生产经营者和企业的一个巨大的无形资产，它在生产经营者和企业的营销组合中占有重要地位。建立适应市场需求的农产品分销渠道，将会使农产品生产经营保持更持久的竞争优势。

一、什么是农产品分销渠道

农产品分销渠道（也称销售渠道），是指农产品从生产者向消费者或用户转移过程中所经过的各个中间环节，即具有交易职能的商业中间人所连接起来的通道。分销渠道的两端是生产者和消费者或用户，起点是生产者，终点是消费者和用户，连接两端的纽带就是各个中间环节，包括各种批发商、零售商、商业中介机构（交易所、经纪人等）等商业中间人。显然，由于批发商、零售商、代理商和经纪人的存在，各种商品或同一种商品的分销渠道可以大不相同。不过，只要是从生产者到最终用户或消费者之间，任何一组与商品交易活动有关的并相互依存、相互关联的营销中介机构均可称作一条分销渠道。分销渠道犹如血液循环系统，如果渠道不畅通，消费者的需求就不能得到及时地满足，社会的再生产过程就不能正常进行，产品的价值就不能实现。

二、分销渠道的类型

销售渠道类型有长度、宽度之分。所谓销售渠道长度是指农产品从生产者转移到消费者手中要经历多少环节（层），即产品流通所经过的中间环节越多，则渠道越长，反之渠道越短。分销渠道的长与短是相对而言的，仅从形式的不同不能决定孰优孰劣。所谓销售渠道宽度，是指同一环节的分销点有多少，若同一环节分销点越多，则渠道越宽，反之则越窄。企业的营销人员应该掌握各种分销渠道的特点，根据所经营的农产品本身的特点，选择最佳的分销渠道。

（一）分销渠道的长度类型及其选择策略

农产品分销渠道有以下几种常见的模式。

1. 生产者—消费者

这种模式叫零层渠道，也称直接分销渠道。是指农产品由生产者向消费者或用户转移过程中不经过任何中间环节，直接由生产者供应给消费者或用户。这是一种最简便、最短的渠道。例如，农民在自己的农场门口直接开办门市部，以"前店后场"的形式销售农产品。在美国的休斯敦市，有一家世界上独一无二的蔬菜超市——拉笛尔蔬菜超级市场。其最大特色就是种植同销售融为一体。作为种植与销售蔬菜于一体的"前店后场"式大型超市，由于拉笛尔蔬菜超市省去了各地收购、运输和中间商等多道环节，损耗率极低，因而其售价比市面上的蔬菜价格普遍要低 5% ~7%，与同类蔬菜市场相比具有明显的质量及价格优势。

直接渠道主要形式还有农产品生产者在市场上摆摊设点、上门推销、电话订货、通过订货会或展销会与用户直接签约供货，或者农产品生产者利用计算机网络直接与客户达成交易等形式，将其生产的粮食、蔬菜、果品、水产品、禽蛋等农产品销售给直接消费者。

2. 生产者—零售商—消费者

这种模式也称一层渠道，分销渠道含有一层中间环节。生产者直接向大中型零售店、大型超市供货，零售商再把商品转移给消费者。例如，自从家乐福进入中国率先引入"超市卖菜"的新概念之后，生鲜农产品经营方式的超市化被生产者和消费者认可。生鲜超市采取的是统一采购、统一配货、统一定价的连锁经营方式。直接从农产品生产基地进货，最大限度地减少了传统批发诸多的中间环节，不仅能保持生鲜食物的新鲜，而且做到货物多元化，全方位满足市民需求。这些产品在配送中，往往经过严格的筛选、包装和加工，方便了购买。

3. 生产者—批发商—零售商—消费者

这种模式也称二层渠道，分销渠道有两层中间环节。这种模式多为小型企业和零售商所采用。农产品生产者将其产品出售给批发商，由批发商再转售给零售商，最后由零售商销售给最终消费者。这是一种传统的分销模式，我国大部分农产品通过这种渠道流通。农产品由产地批发商收购，然后再转手批发给零售商，或者转手批发给销地批发商做二次批发。

4. 生产者—收购商（或加工商）—批发商—零售商—消费者

这种模式又称3层渠道，是包含3个环节的分销渠道。即在生产者和批发商之间又有一个收购商，收购农业生产者的农副土特产品，或者是因某些农产品原始形态不适合消费者直接消费，必须经过加工而增加的加工商，如食品加工等。

5. 层数更多的分销渠道

还有层数更多的分销渠道，如上述农产品销售渠道模式图中的后两种，但是，相对来讲比较少见，因为这意味着有更多的中间环节参与农产品的销售活动。从生产者的观点来看，渠道的层级越多越难以协调和控制，并可能导致流通过程中加价过高。尤其是大部分的农产品具有生鲜和不宜长时间储存的性质，所以应该减少不必要的中间环节，缩短分销渠道。

农业企业分销渠道的选择，既要保证农产品及时到达目标市场，又要求分销渠道有高的销售效率，少的销售费用，以取得最佳经济效益。一般来说，分销渠道越短，生产者承担的任务就越多，信息传递就越快，销售越及时，就能越有效地控制渠道。反之，销售渠道越长，各中间商承担的任务就越少，信息传递就越慢，流通时间越长，生产者对渠道的控制就越弱。生产者在选择销售渠道时，应综合考虑生产者的特点，产品的性质，中间商的特点，竞争者的特点以及其他营销分销渠道选择的因素，做出相关决策。

（二）分销渠道的宽度类型及其选择策略

分销渠道按其宽度，即同一环节的中间商（分销点）的多少，有 3 种类型。

1. 密集性分销渠道

密集性分销渠道也称广泛性销售渠道或者是高宽度分销渠道，这是最宽的销售渠道。它是指生产者运用尽可能多的中间商分销其产品，使渠道尽可能加宽，以扩大商品在市场的覆盖面和方便消费者能够随时购买。大部分的农产品，适于采取这种分销形式。农产品按其特点基本上可以分为鲜活农产品和一般农产品两大类。鲜活农产品因其自然属性的要求，渠道应尽量短而宽。短是尽量减少中间环节，宽是利用多个销售点或销售场所。鲜活农产品只有选择既短又宽的分销渠道才能保证产品的鲜活性，减少损失。

2. 选择性分销渠道

选择性分销渠道也称中宽度渠道，是指生产者在某一地区有条件地选择少数几个有支付能力、销售经验、产品知识及推销知识的中间商分销其产品。有选择地使用理想的中间商，使生产者可与其密切配合，并使中间商按自己的要求进行营销活动，以树立产品的形象，培养忠诚的购买者，促进农产品的销售。选择性分销渠道适用于消费者在价格、质量、花色、味道等方面进行比较和选择后才决定购买的产品。

3. 专营性分销渠道

专营性分销渠道又称独家分销渠道，是指生产者在某一地区只选定一家中间商分销其产品，实行独家经营。在这种情况下，双方一般都签订合同，规定双方的销售权限、利润分配比例、销售费用和广告宣传费用的分担比例等。生产者在合同指定的区域范围内，不能再找其他的中间商经销自己的产品，也不允许选定的中间商经销其他生产商生产的同类产品。

独家分销是最窄的分销渠道。采用独家分销这种策略，生产者能对中间商的销售价格、促销活动、信用和各种服务方面有较强的控制力，从事独家分销的生产商还期望通过这种形式取得经销商们强有力的销售支持。独家分销的不足之处主要是由于缺乏竞争会导致经销商力量减弱，而且对消费者来说也不方便，可能因为销售网络稀疏，使消费者在购买地点的选择上感到不方便而影响到消费者的购买，使生产者受到损失。

三、选择分销渠道的依据

任何一个生产者要在经营上取得成功，就必须在了解营销环境的前提下，正确地选择产品的销售渠道。影响分销渠道选择的因素很多，生产企业在选择分销渠道时，必须对下列几方面的因素进行系统地分析和判断，才能做出合理的选择。

（一）产品因素

（1）产品价格。一般来说，产品单价越高，越应注意减少流通环节，否则会造成销售价格的提高，从而影响销路，这对生产者和消费者都不利。而单价较低、市场较广的产品，则通常采用多环节的间接分销渠道。

（2）产品的体积和重量。产品的体积大小和轻重，直接影响运输和储存等销售费用。过重的或体积大的产品，应尽可能选择最短的分销渠道。小而轻且数量大的产品，则可考虑采取间接分销渠道。

（3）产品的自然属性。一般来讲，凡是自然属性比较稳定的农产品，可以考虑使用中间商或相对较长的渠道。凡是易腐烂变质、易损耗的农产品，应尽可能地采取直接渠道或较短的渠道，例如，牛奶、蔬菜、瓜果、新鲜海产品等鲜活农产品必须采取"短而宽"的销售渠道，以求尽快地把产品送到消费者手中，以减少这些农产品在流通过程中的损失。

（4）产品的加工程度。没有经过加工处理的鲜活农产品，应采取直接销售渠道。经过一定加工处理的产品，例如，经过冷冻、保鲜、防腐、脱水等处理的农产品，可以考虑使用中间商。

（5）新产品。为尽快地把新产品投入市场，扩大销路，生产企业一般应重视组织自己的推销队伍，直接与消费者见面，推介新产品和收集用户意见。如能取得中间商的良好合作，也可考虑采用间接销售形式。

（二）市场因素

（1）市场的规模与分布。消费者数量的多少，决定市场规模的大小。市场规模大，就需要中间商提供服务，采用间接销售。如果市场规模小，则可以由生产者直接供应消费者。某些商品消费地区分布比较集中，则适合直接销售。反之，适合间接销售。对于本地消费者，可选择直接销售。对于外地消费者，因分布较为分散，通过间接销售比较合适。

（2）消费者的购买习惯。对于那些购买次数频繁，消费者希望随时随地购买的农产品，可选择通过批发商和为数众多的中小零售商，将产品转卖给广大的消费者，以方便购买。有些农产品，有的消费者喜欢到生产者那里买商品，有的消费者喜欢到零售商店购买，对于这样的农产品，生产企业既应直接销售，也应间接销售，以满足不同消费者的需求，同时也增加了产品的销售量。

（三）生产企业本身的因素

（1）资金能力。如果企业本身资金雄厚，盈利水平高，产品又畅销，通常可以自由选择分销渠道，甚至有能力建立自己的销售网点，采取直接渠道，实行产销合一的经营方式，当然也可以选择间接分销渠道。企业资金薄弱，无力支付市场调查、广告、推销人员、销售网络设施、产品运输等方面的费用，则只能依赖中间商进行销售和提供服务，选择间接分销渠道。

（2）销售能力。生产企业在销售力量、储存能力和销售经验等方面具备较好条件的，则应选择直接分销渠道。反之，则必须借助中间商，选择间接分销渠道。另外，企业如能和中间商进行良好的合作，或对中间商能进行有效的控制，则可选择间接分销渠道。若中间商不能很好地合作或不可靠，将影响产品的市场开拓和经济效益，则不如进行直接销售。

（3）可能提供的服务水平。中间商通常希望生产企业尽可能多地提供广告、展览、培训等服务项目，为销售产品创造条件。若生产企业无意或无力满足这些方面的要求，就难以达成协议，迫使生产企业自行销售。反之，提供的服务水平高，中间商则乐于销售该产品，生产企业则选择间接分销渠道。

（四）政府因素

主要是指政府的政策、法令和法律对分销渠道选择的影响。企业选择分销渠道必须符合国家有关政策和法令的规定。例如，我国实行烟草专卖，生产烟草的厂家，必须在国家规定的系统内选择销售渠道。另外，如税收政策、价格政策、出口法、商品检验规定等，也都影响分销途径的选择。

四、渠道的管理

在选定分销渠道方案后，企业还需要完成一系列管理工作，包括对各类中间商的具体选择、激励、评估，以及根据情况变化调整渠道方案和协调渠道成员间的矛盾。

（一）选择渠道成员

为选定的渠道招募合适的中间商，这些中间商就成为企业产品分销渠道的成员。一般来说，那些知名度高、享有盛誉、产品利润大的生产者，可以毫不费力地选择到合适的中间商。而那些知名度较低，或其产品利润不大的生产者，则必须费尽心机，才能找到合适的中间商。不管是容易还是困难，生产者挑选中间商时应注意以下基本条件。

（1）选择的中间商，其服务对象是否与企业的目标市场相一致。一般来说，选择的中间商一定要与本企业产品的销路一致，这是一个基本条件。

（2）地理位置是否有利。零售商应位于顾客流量大的地段并有相对稳定的客户，批发商应有较好的交通位置及仓储条件。

（3）市场覆盖面有多大。市场覆盖面是指某种商品通过一定的分销渠道能够达到的最大销售区域范围。这个销售区域范围越大，则该商品能够接近的潜在消费者越多，购买该商品的顾客数量越大。

（4）中间商经营的商品大类中，是否有相互促进的产品或竞争产品。生产商通常尽可能避免选取直接经营竞争对手产品的中间商，而选择那些经营兼容性产品的中间商。经营互补性产品的中间商一般也被看好。

（5）信用及财务状况。核查中间商的财务状况、信誉高低、营业历史的长短及经验是否丰富，这也是一个必要环节。中间商应该有良好的财政情况，有一定的资金实力和承担风险能力，能按时付款。

（6）拥有的业务设施（如交通运输设施、仓储条件和设施、样品陈列设备等）情况如何。

（7）销售能力和售后服务能力的强弱。中间商所拥有的销售网络是否能有效地把企业的产品送到潜在的消费者面前，是否有较强的售后服务能力。

（8）管理能力和信息反馈能力的强弱。中间商销售管理是否规范、高效，信息反馈是否及时、完整、准确，关系着中间商营销的成败，而这些都与生产企业的发展休戚相关。

（二）激励渠道成员

生产者不仅要选择中间商，而且还要激励中间商，尽可能地调动中间商的积极性，使之尽力为生产者服务。一般来说，各渠道成员都会为了各自的利益而努力工作。但是由于中间商是独立的经济实体，与生产者所处的地位不同，考虑问题的角度也不同，必然会产生矛盾。生产者要善于从对方的角度考虑问题，了解中间商的需要，制订一些必要的奖励办法，对中间商的工作进行激励。具体有以下几个方面。

（1）尽可能向中间商提供物美价廉、适销对路的产品。从根本上为中间商创造良好的销售条件。

（2）提供促销支持。例如，加强广告宣传；或者派人到中间商处协助安排产品陈列、操作演示和训练推销人员等。

（3）提供资金支持。例如，允许中间商售后付款，以解决中间商资金不足的困难等。

（4）提供市场信息。及时向中间商提供市场情报和通报企业的生产状况，为中间商合理安排进货和销售提供依据。

（5）合理分配利润。充分利用定价策略和技巧，根据中间商的进货数量、商业信誉和经营绩效等，分别给予不同的价格折扣和折让，以在生产者和中间商之间合理分配利润。

（6）与中间商结成长期伙伴关系。例如，双方共同规划销售目标、存货水平、营业场地、商品陈列、员工培训、广告宣传等,以达到共同从扩大销售中取得更多的利益的目的。

总之,激励方式很多,而且还在不断创新。对渠道成员的激励是协调、管理分销渠道,使之有效运作的重要一环。企业对中间商应当贯彻"利益均沾,风险共担"的原则,尽力缓和矛盾,密切协作,共同搞好营销工作。

(三)评估渠道成员

对中间商的工作绩效要定期评估。这样可以及时掌握情况,发现问题,及时采取相应措施,以提高渠道的营销效率。

评估标准一般包括:销售指标完成情况、平均存货水平、向顾客交货的时间、服务水平、产品市场覆盖程度、对损耗品的处理情况、促销和培训计划的合作情况、货款返回情况、信息的反馈程度等。其中,一定时期内各中间商实现的销售额是一项重要的评估指标。生产者可将同类中间商的销售业绩进行考核,分别列表排名,目的是鼓励先进,鞭策落后。企业还可以进行动态的分析比较。因为,中间商面临的环境有很大差异,其各自规模、实力、商品经营结构和不同时期的重点不同,有时销售额列表排名评估往往不够客观。因此,正确评估销售业绩,应在做上述比较的同时,辅之以另外两种比较:一是将中间商销售业绩与前期比较;二是根据每一中间商所处的市场环境及销售实力,分别定出其可能实现的销售定额,再将其销售实绩与定额进行比较。正确评估渠道成员的目的在于及时了解情况,发现问题,保证营销活动顺利而有效地进行。

(四)调整销售渠道

企业的分销渠道在经过一段时间的运作后,往往需要加以修改和调整。原因主要有消费者购买方式的变化、市场扩大或缩小、新的分销渠道出现、产品生命周期的更替等。另外,现在渠道结构通常不可能总在既定的成本下带来最高效的产出,随着渠道成本的递增,也需要对渠道结构加以调整。渠道的调整主要有 3 种方式。

（1）增减渠道成员。即对现有销售渠道里的中间商进行增、减变动。做这种调整，企业要分析增加或减少某个中间商，会对产品分销、企业利润带来什么影响，影响的程度如何。如企业决定在某一目标市场增加一家批发商，不仅要考虑这么做会给企业带来的直接收益（销售量增加），而且还要考虑这种变动对其他中间商的影响等问题。

（2）增减销售渠道。当在同一渠道增减个别成员也无法解决问题时，企业可以考虑增减销售渠道。这么做需要对可能带来的直接、间接反映及效益做广泛的分析。有时候，撤销一条原有的效率不高的渠道，比开辟一条新的渠道难度更大。

（3）变动分销系统。这是对企业原有的整个分销体系、制度做通盘调整，是企业调整渠道当中动作最大、波及面最宽也是最困难的一种。例如，变间接销售为直接销售。这类调整难度很大，因为它不是在原有渠道基础上的修补、完善，而是改变企业的整个分销政策。它会带来市场营销组合有关因素的一系列变动。

第八节　农产品网络营销渠道

20 世纪 90 年代以来，飞速发展的国际互联网促使网络技术应用呈指数增长，全球范围内掀起互联网的应用热潮，世界各大公司纷纷上网提供信息服务和拓展业务范围，积极改进企业内部结构，发展新的管理方法，抢搭这班世纪之车。随着网络技术的不断进步，电子商务的不断发展，网络营销逐渐成为一种崭新的营销方式并进入我们的日常生活。作为互联网起步最早的成功的商业应用，网络营销得到蓬勃和革命性的发展。

一、网络营销概念

网络营销是一种信息时代全新的营销方式，对传统经营观念产生了巨大的影响，使企业营销手段和内容发生着重大的变革。随着电子商务的蓬勃发展，网络营销不仅成为企业建立竞争优势的有力工具，还是企业谋求生存的基本条件，并将成为电子商务时期市场营销发展的大趋势。

目前学术界对网络营销还没有统一的定义，不同的组织和专家学者，以不同的角度来理解网络营销。学术界一般认为，网络营销就是以国际互联网为基础，利用数字化的信息和网络媒体的交互性来辅助营销目标实现的一种新型的市场营销方式。

（一）广义的网络营销

广义地讲，网络营销就是以互联网为主要手段，为达到一定营销目标而开展的营销活动。网络营销贯穿于企业开展网上经营活动的全过程，从信息发布、信息收集，到开展网上交易为主的电子商务阶段，网络营销是一项非常重要的内容。

（二）狭义的网络营销

狭义的网络营销，是指组织或者个人基于开放便捷的互联网络开展经营活动，从而达到满足组织或者个人需求的全过程。

我们认为，网络营销是企业以现代营销理论为基础，合理利用电子商务网络资源、技术和功能，实现营销信息的有效传递，最终满足客户需求，达到开拓市场、增加企业销售、提升品牌价值、提高整体竞争力为目标的经营过程。

网络营销是营销的最新形式，由网络媒介替代传统媒介，利用计算机网络技术对产品销售的各个环节进行跟踪服务，贯穿于企业经营的全过程，包括市场调查、客户分析、产品开发、销售策略、反馈信息等方面，并通过对市场的循环营销传播，满足消费者需求和商家需求的过程。

二、网络营销对传统营销的影响

（一）对营销战略的影响

一方面，互联网具有平等、自由等特性，使得网络营销将降低大企业所拥有的规模经济优势，从而使小企业更易于参与竞争。另一方面，由于网络的自由、开放性，网络时代的市场竞争是透明的，竞争各方都能掌握竞争对手的产品信息与营销行为，因此胜负的关键在于如何适时获取、分析、运用这些自网络上获得的信息，来研究并采用极具优势的竞争策略。

（二）对营销组织的影响

互联网的蓬勃发展也带动了企业内部信息网（Intranet）的发展，使得企业内外沟通与经营管理均需要依赖网络，并将其作为主要的沟通渠道与信息来源，从而使得业务人员与直销人员减少、组织层次减少、经销代理与门市分店数量减少、渠道缩短，而虚拟经销商、虚拟门市、虚拟部门等企业内外部虚拟组织盛行。这些影响与变化，都将促使企业对于组织再造工程（Reengineering）的需要变得更加迫切。

三、网络营销产品策略

网络营销与传统营销一样，在虚拟的互联网市场上，营销者必须以各种产品，包括有形产品和无形产品的销售来实现企业的营销目标。

由于网络的虚拟性，顾客在利用网络订购产品之前，无法直接接触和感受产品，限制了产品的网络营销。因此，企业一方面要掌握网络营销产品的分类；另一方面还要采取正确的产品策略。

（一）网络营销产品的分类

在网络营销中，按照产品所呈现的形态不同，网络营销产品分为两大类。即实体产品和虚拟产品。

（1）实体产品是指有具体物理形状的产品，即有形产品。在网络上销售实体产品的过程与传统的销售方式有所不同，没有传统的面对面的交易，消费者通过卖方的网上销售页面选择产品，通过填写订单确定所选购产品的品种、质量、价格、数量等；而卖方则将面对面的交货改为邮寄、快递等方式，由现代物流帮助实现产品实体的转移。

（2）虚拟产品即无形的产品和服务。网络营销中的虚拟产品可以分为两类，即软件和服务。软件包括系统软件和应用软件，其中，游戏类软件成为近几年网络畅销的软件产品。服务可以分为普通服务、信息咨询服务和网络营销服务等。由于互联网在数据信息传递方面的显著优势，企业能够极为便利地在网上提供软件和信息服务，开展虚拟产品销售。

（二）网络营销产品的选择

从理论上来说，任何形式的产品都可以进行网络营销。但是，受到消费者的偏好、个性化需求及物流等诸多因素的影响，企业在选择网上销售的产品时，应考虑到以下几个问题。

（1）要充分考虑产品自身的性能。根据信息经济学的理论，产品可以分为两大类，一类是可鉴别性产品，即消费者在购买时就能确定或评价其质量的产品，如书籍、电脑等，这类产品的标准化程度较高；另一类是经验性产品，即消费者只有在试用后才能确定或评价其质量的产品，如服装、食品等。一般说来，可鉴别性产品或标准化程度较高的产品易于网络营销，而经验性产品则难以实现大规模的网络营销。因此，在进行网络营销时，企业可以将可鉴别性高或标准化程度高的产品作为首选的对象。

（2）要充分考虑实体产品的营销范围及物流配送状况。虽然网络营销的开展不受地域的限制，但是，当消费者购买后由于无法配送而导致购物活动失败，将会对企业造成负面的影响。因此，企业必须考虑在合理的物流成本的基础上选择合适的产品和服务的营销范围。

（3）要考虑产品的市场生命周期。网络环境中产品的市场寿命缩短，这对企业的产品研发提出了更高的要求。与此同时，企业能够通过网络迅速、及时地了解和掌握消费者的需求状况，因此，企业应特别重视产品在试销期、成长期和成熟期营销策略的研究，选择最佳时机实施合适的产品策略。

（三）产品销售服务策略

在网络营销中，服务是构成产品营销的一个重要组成部分。提供良好的服务是实现网络营销的一个重要环节，也是提高用户满意度和树立良好形象的一个重要方面。

企业在进行网络营销时，可采取以下几个方面的服务策略。

1. 建立完善的数据库系统

以消费者为中心，充分考虑消费者所需服务以及所有可能需求的服务，建立完善的数据库系统。

2. 提供网上的自动服务系统

依据客户的需要，自动、适时地通过网络提供服务。例如，消费者在购买产品的一段时间内，提醒消费者应注意的问题。同时，也可根据不同消费者的不同特点，提供相关服务，如提醒客户有关家人的生日时间等。

3. 建立网络消费者交流平台

通过交流平台对消费者的意见，建议进行调查，借此收集、掌握和了解消费者对产品特性、品质、包装及样式的意见和想法，据此对现有产品进行升级，同时研究开发新产品，满足消费者的个性化需求。

四、网络营销价格策略

价格策略是企业营销的一种重要竞争手段。营销价格的形成受到产品成本、供求关系以及市场竞争等因素的影响，在进行网络营销时，企业应特别重视价格策略的运用，以巩固企业在市场中的地位，增强企业竞争力，网络营销的价格策略主要有以下几种。

（一）满足用户需求的定价策略

企业根据消费者和市场的需求来计算满足这种需求的产品和成本，根据需求进行产品及功能的设计，从而计算产品的生产和商业成本，根据市场可以接受的性能价格比而制定产品的销售价格。这种价格策略正在网络营销中得以充分的运用。网络市场环境中，传统的以生产销售成本为基础的定价正在被淘汰，用户的需求已成为企业进行产品开发、制造以及开展营销活动的基础，也是企业制定其产品价格时首先必须考虑的最主要因素。

（二）低价定价策略

网络营销可以帮助企业降低流通成本，因此网上商品定价可以比传统营销定价低。直接低定价就是在定价时采用成本加少量利润，甚至是零利润来定价，所以这种定价一开始就比同类产品定价低。

（三）折扣定价策略

商品打折销售对消费者具有相当大的诱惑力。不少电子商场采用打折销售的方式来扩大知名度，客观上起到了广告的效应。折扣定价可对某些商品直接打折，也可按购买量标准给予不同的折扣，还可采用季节打折的方法。

（四）等价定价策略

在网上销售数量不是很大的情况下，网络零售企业为了尝试网上营销的经验，可能采取等价策略，即在网上销售的商品价格与在传统商店中的商品价格相等。

（五）智能型定价策略

网络零售企业可以通过网络与顾客直接在网上协商价格，如一些网站设置洽谈室让买卖双方在网上讨价还价，另有一些拍卖网站则通过网上定价系统来确定价格。

（六）个性化商品定价策略

网络营销的互动性使企业可以为顾客提供个性化的定制服务，即消费者对产品的外观、颜色、附件提出个性化的需求，企业按订单进行生产。这时企业提供了高附加值的服务，可实行较高价格的个性化商品定价策略。

（七）免费定价策略

将产品和服务以免费形式供顾客使用，它主要用于促销和推广产品，免费价格形式有以下几类：第一类是产品和服务完全免费，如新闻信息、无形软件产品，电子邮件、电子贺卡等；第二类是对产品和服务实行限制免费，即产品和服务可以被有限次使用，超过一定期限或次数后，取消这种免费服务；第三类是对产品和服务实行部分免费，一定的功能免费，全功能则要付费使用。

五、网络营销渠道策略

营销渠道是促使商品或服务顺利被使用或消费的一整套相互依存的组织和个人。它所涉及的是商品实体和所有权或者服务从生产向消费转移的整个过程。在这个过程中，起点是生产者，终点是消费者，位于两者之间的一些独立的中间商和代理商，他们帮助商品和服务的转移。网上市场作为一种新型的市场形式，同样存在着渠道选择问题，合理地选择网络分销渠道，分析、研究不同渠道的特点，合理地选择网络分销渠道不仅有利于企业的产品顺利地完成转移，促进产品销售，而且有利于企业获得整体网络营销的成功。

（一）网络直销渠道

网络直接销售，简称网络直销，是指生产厂商通过网络分销渠道直接销售产品，中间没有任何形式的网络中介商介入其中。

网络直销可以提高沟通效率，借助互联网，网络直销实现了企业与顾客的直接沟通，提高了沟通效率，使企业能够更好地满足目标市场需求。网络直销减少了营销人员的数量，降低了企业的营销成本和费用，从而降低产品的价格。同时，营销人员利用网络工具，例如，电子邮件、社区论坛、微博、微信等可以了解并满足顾客需要，有针对性地开展促销活动，提高了产品的市场占有率。

但是，网络直销也存在自身的不足，网络直销产品的信息沟通、所有权转移、货款支付和实体的流转等是相分离的，任何一个环节失误都将直接影响产品销售。当前我国市场化运作机制还不完善，社会信用体系还没有完全建立，特别是电子支付体系和物流系统还有待进一步发展。

（二）网络间接销售

网络间接销售渠道是指网络营销者借助网络营销中间商的专业网上销售平台发布产品信息，与顾客达成交易协议。网络营销中间商是融入互联网技术后的中间商，具有较强的专业性，能够根据顾客需求为销售商提供多种销售服务，并收取相应费用。目前，高技术、专业化、单一中间环节的电子中间商大大提高了网上交易效率，并对传统中间商产生了冲击。

电子中间商在搜索产品、提供产品信息服务和虚拟社区等电子服务方面具有明显优势，但在产品实体分销方面却难以胜任。目前，电子中间商主要提供信息服务和虚拟社区中介功能，其类型有以下几种。

1. 目录服务

目录服务商对互联网上的网站进行分类并整理成目录的形

式，使用户能够方便地找到所需要的网站。

2. 搜索引擎服务

与目录服务商不同，搜索引擎站点为用户提供大量的基于关键词服务的检索服务，如谷歌、百度等站点，用户可以利用这类站点提供的搜索引擎对互联网进行实时搜索。

3. 网上出版

网络信息传输的及时性和交互性特点，使网络出版 Web 站点能够向顾客提供大量有趣或有用的信息，满足顾客的需求。丰富的信息内容和免费服务促进了该类网站的发展。

4. 网络零售商

网络零售商同传统零售商一样，通过购进各种商品，然后把这些商品直接销售给最终消费者，从中赚取差价。由于在网上开店的费用较低，因而网上零售商店的固定成本显然低于同等规模的传统零售商店，另外，网上零售商的每一笔业务都是通过计算机自动处理，节约了人力，降低了成本。

5. 电子支付

电子支付系统是实现网上交易的重要组成部分。电子支付工具从其基本形态上看，是电子数据，它以金融电子化网络为基础，通过计算机网络系统以传输电子信息的方式实现支付功能。

6. 虚拟市场

虚拟市场是指为厂商或零售商提供建设和开发网站的服务，并收取相应的服务费用，如服务器租用、销售收入提成等。

7. 网络统计机构

电子商务的发展也需要其他辅助性的服务，比如，网络广告商需要了解有关网站访问者特征，不同的网络广告手段的使用率等信息，网络统计机构就是为用户提供互联网统计数据的机构，如我国的 CNNIC。

8. 网络金融机构

网络金融机构就是为网络交易提供专业性金融服务的金融机构。现在国内外有许多只经营网络金融业的网络银行，大部分的传统银行开设了网上业务，特别是近年来还出现了不少第三方网络支付企业，专门代理进行网络交易的支付业务，为网络交易提供专业性金融服务。

9. 智能代理

智能代理（Intelligent Agent）是利用专门设计的软件程序，根据消费者的偏好和要求预先为消费者自动进行所需信息的搜索和过滤服务的提供者。智能代理软件在搜索时还可以根据用户自己的喜好和别人的搜索经验自动学习、优化搜索标准。对于那些专门为消费者提供购物比较服务的智能代理，又称为比较购物代理、比较购物引擎、购物机器人等，而且在此基础上还产生了一种新的电子商务模式即比较电子商务，由于其先进性，使一些采用这一模式的网站迅速发展，成为众多消费者经常访问的站点，这从一个侧面反映了这种服务对消费者的价值。

六、网络营销促销策略

网络促销是指利用现代化的网络技术向虚拟市场传递有关产品和服务的信息，以启发需求，引起消费者购买欲望和购买行为的各种活动，从而实现其营销目标。

（一）网络促销的特点

（1）网络促销通过网络技术传递信息。网络促销是通过网络技术传递产品和服务的存在、性能、功效及特征等信息的。它是建立在现代计算机与通信技术基础之上的，并且随着计算机和网络技术的发展而不断改进。因此，网络促销不仅需要营销者熟悉传统的营销技巧，而且需要相应的计算机和网络技术知识，包括各种软件的操作和某些硬件的使用。

（2）网络促销是在虚拟市场上进行的。互联网是一个媒体，是一个连接世界各国的大网络，它在虚拟的网络社会中聚集了广泛的人口，融合了多种文化成分。所以从事网上促销的人员需要跳出实体市场的局限性，采用虚拟市场的思维方法。

（3）互联网虚拟市场是全球性的。互联网虚拟市场的出现，将所有企业，不论大企业还是中小企业，都推向了一个世界统一的市场。传统区域性市场的小圈子正在被一步步地打破，全球性竞争迫使每个企业都必须学会在全球统一的大市场上做生意，否则，这个企业就会被淘汰。

（二）网络促销的形式

1. 网络营销站点推广

站点推广是指企业通过对网络营销站点的宣传推广来吸引顾客访问，树立企业网上品牌形象，促进产品销售。站点推广是一项系统性的工作，需要企业制订推广计划，并遵守效益/成本原则、稳妥慎重原则和综合性实施原则。

目前，站点推广主要采取搜索引擎注册、建立链接、发送电子邮件、发布新闻、提供免费服务、发布网络广告等方式。根据网站的特性，采取不同的方法能提高站点的访问率。

2. 网络广告

网络广告是指广告主以付费的方式运用网络媒体播企业或产品信息，宣传企业形象。作为广告，网络广告也具有广告的五大要素，即广告主、广告费用、广告媒体、广告受众和广告信息。网络广告的类型很多，根据形式的不同可以分为旗帜广告、电子邮件广告、文字链接广告等。

3. 网上销售促进

销售促进是一种短期的宣传行为。网上销售促进与传统促销方式比较类似，是指企业利用有效的销售促进工具来刺激顾客增加产品购买和使用。网上销售促进主要有以下几种形式。

（1）有奖促销。有奖促销是指企业对在约定时间内购买商品的顾客给予奖励。有奖促销的关键是奖项对目标市场增加购买具有吸引力。同时，有奖促销能帮助企业了解参与促销活动的群体的特征、消费习惯和对产品的评价。

（2）打折促销。打折促销是指在网络促销活动方，为显示网络销售低价优势以激励网上购物，成为调动本网站购物的积极性，烘托网站的购物气氛以促进整体销售而采取的对所销售全部或部分产品同时标出原价、折扣率或折扣后价格的促销策略。

（3）返券促销。返券促销就是网上商店在商品销售过程中推出的"购×元送×元购物券"的促销方式。购物返券的实质是商家让利于消费者的变相降价，返券促销的目的是鼓励顾客在同一商场重复购物。

（4）电子优惠券促销。当某些商品在网上直接销售有一定的困难时，便结合传统营销方式，从网上下载、打印电子优惠券或直接通过手机展示优惠券，到指定地点购买商品时可享受一定优惠，或以所选择打印的电子优惠券上约定的优惠价格购买优惠券所指定的商品。

（5）赠品促销。赠品促销在网络促销中的应用不多。在新产品上市推广、产品更新、应对竞争、开辟新市场等活动中，利用赠品促销可以达到较好的促销效果。

赠品促销的优点包括：提升品牌和网站的知名度；鼓励人们经常访问网站以获得更多的优惠信息；根据目标顾客索取赠品的热情程度，总结分析营销效果和产品本身的反馈情况等。

（6）积分促销。积分促销是指企业在网站上预先制定积分制度，根据网站会员在网上的购物次数、购物金额或参加活动的次数来增加积分，激发其参与活动的兴趣。企业通过积分促销，能够与客户建立长期的关系。

模块八 农民专业合作社的财务管理

第一节 农民专业合作社的建账

合作社的成员账户是合作社经营管理中最重要的会计依据，也是合作社在财务上区别于一般经济组织的重要特征。每个合作社都应当为其每一个成员设立独立的成员账户，成员账户对合作社及其成员意义重大。

成员账户是指农民专业合作社用来记录成员与合作社交易情况，以确定其在合作社财产中所拥有份额的会计账户。合作社为每个成员设立单独账户进行核算，可以清晰地反映其与成员交易的情况，与非成员的交易则通过另外的账户进行核算。

根据《农民专业合作社法》第三十六条的规定，成员账户主要包括三项内容：一是记录该成员的出资。出资额包括成员入社时的原始出资额，也包括公积金转化的出资。成员退社时，出资额应当相应退给成员，或者将出资额转让给其他成员，具体要求由合作社的章程规定。二是量化该成员的公积金份额。公积金是合作社盈利之后提取的用于扩大生产经营和预防意外亏损的款项，《农民专业合作社法》第三十五条第二款规定："每年提取的公积金按照章程规定量化为每个成员的份额。"每个成员量化所得的公积金应记载在成员账户内，但成员退社时可以带走。公积金量化的标准并没有明确的法律规定，而是按照合作社自行制定的章程规定。三是记录成员与合作社的交易量（额）。与成员发生交易是合作社日常工作中的重要组成部分，合作社的利润大小归根结底来源于与合作社成员交易量（额）的大小。也就是说，交易量（额）的大小，体现了成员对农民专业合作社贡献的大小，将交易量（额）作为成员账户的一项重要指标，既可以使其成为盈余返还的一项重要标准，又可以直观地看出成员对合作社贡献情况的发展变化。因此，这些单独的会计资料是确定成员参与合作盈余分配、财产分配的重要依据。

一、成员账户的编制格式

成员账户是按每个成员一份编制，详细记录每个成员与本社的交易量（额）以及按此返还给该成员的可盈余分配。此外，还包括成员的权益占本社全部成员权益的份额以及按此分配给成员的剩余可分配盈余。成员账户区别于一般的会计报表，有其独特的格式。

成员账户分为左右两个部分。左侧为成员个人的股金和公积金部分，包括成员入社的出资额、量化到成员的公积金份额、形成财产的财政补助资金量化到成员的份额、接受捐赠财产量化到成员的份额；右侧为成员与本社交易情况和盈余返还及分配情况，包括成员与本社的交易量（额）、返还给该成员的可分配盈余和分配给该成员的剩余盈余。

二、设立成员账户

（一）内部交易与外部交易

农民专业合作社与其他经济组织相区别的基本特征即存在合作社与成员的内部交易。内部交易是指成员享受合作社提供的生产或劳务服务，与合作社进行农产品或者生产资料购销、技术服务等交易，由于这种交易发生在合作社内部，而且按成本原则进行。这种交易明显与市场中其他经济主体的交易不同，市场中多数交易是在一个经济主体与另一个经济主体之间发生的，因此，习惯上称合作社与成员的交易为内部交易。与内部交易相对应，合作社与非成员进行交易时，可以称之为外部交易。

《农民专业合作社法》第三十四条规定，农民专业合作社与其成员的交易，应区别于与非成员的交易，因此二者应当分别核算。对于成员，应当在成员账户中进行核算，对于非成员，应在非成员账户中进行核算。

（二）分别核算的意义

之所以要进行分别核算，这是由合作社的本质属性以及功能所决定的。

首先，合作社的服务对象是其成员，这是分别核算的最主要原因。如果一个合作社主要为非成员服务，或者对二者没有明显的区分，那么合作的意义就失去了，合作社与一般企业就没有分别。比如，一个苹果合作社的主要目的不是为了通过销售苹果获利，而是为了尽可能多地销售成员生产出来的苹果，即使有可能亏损，也要把成员的苹果销售出去。而一般的苹果企业，为了赚钱可以销售任何人的苹果，只追求最大的销售利润，不存在成员与非成员的区别。因此，既然合作社是为成员服务的，在核算时就必须分别核算。

其次，将合作社与成员和非成员的交易分别核算，也是为了向成员返还盈余。《农民专业合作社法》第三十七条规定，合作社的可盈余分配应当按照成员与本社的交易量（额）比例返还，返还总额不得低于可分配盈余的60%。返还的依据是成员与合作社的交易量，这既包括最终农产品的交易，也包括化肥、种苗等农业生产资料的交易。因此，只有分别核算每个成员与非成员的交易量，才能准确得知每个成员的交易比例，从而进行盈余分配。

（三）设立成员账户的必要性

成员账户的设立，既是合作社本质属性的体现，又是合作社日常工作的需要。以每一个社员为单位设立成员账户，除了可以为成员参与合作社盈余分配提供依据外，还有如下的好处。

1. 便于分别核算成员的出资额和公积金变化情况

通过成员账户，汇集相关财务资料，可以分别核算其出资额和公积金变化情况，为成员承担有限责任提供依据。根据《农民专业合作社法》第五条的规定，农民专业合作社成员以其账户内记载的出资额和公积金份额对农民专业合作社承担责任。一旦合作社运营失败，进入破产清算环节，会详细清算出合作社的总负债以及清算后的净资产总额。如果破产后资不抵债，成员需要根据其成员账户记载的出资额及公积金累计额，来分担合作社的亏损和债务；如果破产后将全部债务清算完毕仍有剩余资产，也应当按照出资额与公积金累计额来分担合作社的剩余。

2. 为附加表决权提供依据

通过成员账户，可以为附加表决权提供依据。根据《农民专业合作社法》第十七条的规定，出资额较大或者与本社交易量（额）较大的成员，按照章程规定，可以享有附加表决权。因此，只有对每个成员的交易量和出资额分别核算，才是确定各成员在总交易额或者出资总额中的份额，确定附加表决权分配的唯一办法。

3. 处理成员退社时的财务问题

通过成员账户，可以为处理成员退社时的财务问题提供依据。《农民专业合作社法》第二十一条规定，成员资格终止的，农民专业合作社应当按照章程规定的方式和期限，退还记载在该成员账户内的出资额和公积金份额。对成员资格终止前的可分配盈余，依照《农民专业合作社法》第三十七条第二款的规定向其返还。因此，只有对每个成员的交易量和出资额分别核算，才能确定其退社时应当获得的公积金份额和利润返还份额。

三、编制成员账户

（一）相关科目

成员账户中包括了成员的出资额和公积金份额，也包括了成员的交易量（额）和利润返还。因此，在成员账户中涉及了股金、资本公积、盈余公积、应付盈余返还、应付剩余盈余等会计科目。这些会计科目的核算均需要按照有借必有贷，借贷必相等的原则记录，并且，在记录完毕后将每个成员的情况相应登记在该成员的成员账户中。

（二）具体编制方式

（1）将上年成员出资、公积金份额、形成财产的财政补助资金量化到成员的份额、捐赠财产量化到成员的份额直接对应填入"编号1"栏。

（2）"成员出资"项目，按本年成员出资计入股金的部分填列。

（3）"公积金份额"项目，按本年量化到成员个人的公积金份额填列。

（4）"形成财产的财政补助资金量化份额"，按本年国家财政直接补助形成财产量化到成员个人的份额填列。

（5）"捐赠财产量化份额"项目，按本年接受捐赠形成财产量化到成员个人的份额填列。

（6）"交易量"和"交易额"项目，按本年成员与合作社交易的产品填列。

（7）"盈余返还金额"项目，按本年根据成员与合作社交易量（额）返还给成员的可分配盈余数额填列。

（8）"剩余盈余返还金额"项目，按本年根据成员"股

金"和"公积金""专项基金"份额分配给成员的剩余数额
填列。

（9）年度终了，以"成员出资""公积金份额""形成财
产的财政补助资金量化份额""捐赠财产量化份额"合计数汇
总成员应享有的合作社公积金总额，以"盈余返还金额"和
"剩余盈余返还金额"合计数汇总成员全年盈余返还总额。

第二节　农民专业合作社的算账

一、合作社资金来源的账务处理

合作社的资产是合作社运营中最重要的组成部分，也是合
作社得以发展的物质基础。只有管好合作社的资产，才能保证
合作社稳定、健康、快速地发展。

资产是指企业过去的交易或者事项形成的、由企业拥有或
者控制的，预期会给企业带来经济利益的资源，包括各种财
产、债权和其他权利。这里面包含三层意思。首先，资产必须
由企业控制。其次，资产必须能给企业带来经济效益。最后，
资产必须具有商业或交换价值。简单地说，资产就是企业能够
控制的资源。

合作社的资产管理，就是对合作社各项资源的管理。合作
社的资产管理，包括对会计核算的内部控制以及对资产的有效
利用。合作社财务制度明确规定，合作社必须根据有关法律法
规，结合实际情况，建立健全内部控制制度。资源是能够给合
作社带来盈利的物品，合作社能否实现经济效益，能否健康、
稳定地发展，取决于合作社如何管理它的资源。良好的合作社
资产管理，必须要在合作社资源有限的情况下，尽可能地为合
作社创造价值。

资产管理的对象

资产可以分为有形资产和无形资产，其中有形资产又可以分为流动资产和固定资产。流动资产又可以划分为货币资金、应收账款、存货。此外，由于合作社的特殊性，对外投资和农业资产也是合作社资产管理中重要的组成部分。因此，合作社的资产管理就是对这些资产的管理。

1. 有形资产

（1）流动资产。包括货币资金、应收账款和存货。

①货币资金：是合作社资产中流动性最强的资产。根据货币资金存放地点及其用途的不同，可以分为库存现金和银行存款。②应收账款：指合作社应收到的款项，既包括合作社与外部单位或个人发生的应收及暂付款项，又包括合作社与其成员发生的应收及暂付款项，前者为外部应收款，后者为内部应收款。③存货：指在生产经营过程中持有以备出售，或者仍然处于生产过程中，或者在生产或提供劳务过程中将消耗的各种材料、物资等。

（2）固定资产。合作社的房屋、建筑物、机器、设备、工具、器具和农业基本建设设施等劳动资料，凡使用年限在一年以上，单位价值在 500 元以上的均为固定资产。有些主要生产工具和设备，单位价值虽低于规定标准，但使用年限在一年以上的也可列为固定资产。

2. 无形资产

无形资产是指合作社为生产商品或者提供劳务、出租给他人或为管理目的而持有的、没有实物形态的非货币性长期资产。从形式上看，无形资产包括专利权、非专利技术和商标权等。从来源上看，无形资产包括外购的无形资产、接受投资转入的无形资产、接受捐赠取得的无形资产和合作社自行开发的无形资产。

（1）专利权。专利权指国家专利主管机关依法授予发明创造专利申请人对其发明创造在法定期限内所享有的专有权利，包括发明专利权，实用新型专利权和外观设计专利权。

（2）非专利技术。非专利技术也称专有技术，是指不为外界所知，在生产经营活动中已采用了的，不享有法律保护的，可以带来经济效益的各种技术和诀窍。

（3）商标权。商标权指专门在某类指定的商品或产品上使用特定的名称或图案的权利。

3. 对外投资

对外投资是指合作社为通过分配来增加财富或者为谋求其他利益而将资产让渡给其他单位所获得的另一项资产。主要包括货币资金投资、实物资产投资和无形资产投资。

4. 农业资产

合作社会计制度将农产品和收货后加工而得到的产品列为流动资产中的存货，将生物资产中的牲畜（禽）和林木列为合作社的农业资产。由于农业生产的特殊性，农业资产的价值构成与其他资产的价值构成存在明显的差异。因此，农业资产的计量与存货的计量有所区别。

二、合作社经营业务的账务处理

（一）流动资产的核算及内部控制

1. 货币资金

合作社要建立货币资金岗位责任制，明确相关岗位的职责权限，明确审批人和经办人对货币资金业务的权限、程序、责任和相关控制措施。对货币资金最直接的内部控制方法是组织专人定期或者不定期检查货币资金收支业务以及相关记录凭证，复核或重新编制某日或某一时期的银行存款余额调节表。对货币资金的内部控制是以严格、完整的货币现金会计核算为基础的。

【小案例】

货币资金的核算

（1）×××合作社收取应收账款 1 000 元，分录为：

借：库存现金　　　　　　　　　　　　1 000

　　贷：应收账款　　　　　　　　　　　　1 000

（2）合作社总经理李某出差，向合作社预支 2 000 元差旅费，分录为：

借：应收账款——李某　　　　　　　　2 000

　　贷：库存现金　　　　　　　　　　　　2 000

（3）总经理出差归来后，将差旅费剩余的 1 000 元转账给合作社账户，并将差旅费发票与合作社财务结交，分录为：

借：银行存款　　　　　　　　　　　　1 000

　　贷：应收账款——李某　　　　　　　　1 000

借：差旅费——李某　　　　　　　　　1 000

　　贷：应收账款——李某　　　　　　　　1 000

（4）合作社购买打印机一台，价值 2 000 元，价款以银行存款支付，分录为：

借：管理费用——办公费　　　　　　　2 000

　　贷：银行存款　　　　　　　　　　　　2 000

2. 应收账款

合作社应收账款的控制，应确保应收账款管理的及时性和有效性，确保每一笔应收账款的入账、调整、冲销都有相应凭证可以查询，并经过授权批准。合作社应建立有关应收账款管理、折扣和折让及收款的规章制度。经过销售发货后，对于赊销订单形成的应收账款应予以严格管理，并应定期进行核查，进行相关处理。在收款前，无论赊销或现销都应该在经过审批后确定折扣和折让的额度，及时进行收款。

（1）合作社与其内部成员甲之间发生交易，合作社将资

产有机肥以 3 200 元的价格出售给甲，成本为 3 000 元，款项尚
未收到。与成员之间的交易要按照"成员往来"账户进行核
算。分录为：

> 借：成员往来——甲　　　　　　　　3 200
> 　　贷：经营收入　　　　　　　　　　　　3 200

同时，结转成本，分录为：

> 借：经营成本　　　　　　　　　　　3 000
> 　　贷：产品物资　　　　　　　　　　　　3 000

（2）合作社从甲处收购甲生产出的有机苹果，并将苹果
销售给超市。从甲处以 10 000 元的价格收购，并以 20 000 元的
价格卖给超市。甲的货款已经结清，超市的货款尚未收到。分
录为：

> 借：应收账款——超市　　　　　　　20 000
> 　　贷：经营收入　　　　　　　　　　　　20 000
> 借：产品物资——苹果　　　　　　　10 000
> 　　贷：银行存款　　　　　　　　　　　　10 000

同时，清算成本，分录为：

> 借：经营支出　　　　　　　　　　　10 000
> 　　贷：产品物资——苹果　　　　　　　　10 000

（3）超市在收到苹果后将货款如期支付给合作社，总计
20 000 元全部采用银行转账方式进行支付。分录为：

> 借：银行存款　　　　　　　　　　　20 000
> 　　贷：应收账款——超市　　　　　　　　20 000

3. 存货

按照合作社实际经营形式，存货可以分为产品物资、委
托加工物资、委托代销商品、受托代购商品、受托代销商品
5 个类型，这 5 个类型相应与 5 个会计账户对应。在核算存
货时，应当对存货的类型进行区分，从而使会计核算简洁、
明了。

（1）某合作社从事苹果的种植、销售，以及苹果制品的初级加工。合作社拥有一套压榨设备，用于苹果汁的生产。目前，合作社购进一批辅助材料，价值2 000元，货款用银行存款支付。分录为：

借：产品物资——材料　　　　　　2 000
　　贷：银行存款　　　　　　　　　　　　2 000

（2）合作社同时也委托外单位进行苹果干的加工，合作社发出苹果10 000元，应负担加工费用1 000元，路途运输费用500元，以银行存款支付。分录为：

借：委托加工物资　　　　　　　10 000
　　贷：产品物资——苹果　　　　　　10 000
借：委托加工物资——运输费用　　500
　　贷：银行存款　　　　　　　　　　　500
借：委托加工物资——加工费用　1 000
　　贷：银行存款　　　　　　　　　　1 000

同时，收回委托加工物资以备对外销售，分录为：

借：产品物资　　　　　　　　　11 500
　　贷：委托加工物资　　　　　　　　11 500

（3）合作社将苹果干委托给某超市进行代销，总售价15 000元，协议按照销售收入的10%作为手续费。

首先，发出苹果干，并收到货款，分录为：

借：委托代销商品　　　　　　　11 500
　　贷：产品物资　　　　　　　　　　11 500
借：应收款——超市　　　　　　15 000
　　贷：经营收入　　　　　　　　　　15 000

其次，结转成本，并提取手续费，分录为：

借：经营支出　　　　　　　　　20 000
　　贷：委托代销商品　　　　　　　　20 000
借：经营收入　　　　　　　　　 1 500

    贷：应收款——超市   1 500

  最后，超市将销售款项以银行转账方式支付给合作社，分录为：

    借：银行存款   13 500

      贷：应收款——超市   13 500

  （4）合作社成员甲委托合作社代销其苹果 2 000 千克，协议每千克收取 0.1 元手续费，合作社当周完成销售，最终售价为每千克 10.1 元。分录为：

    借：受托代销商品   20 000

      贷：成员往来——甲   20 000

    借：银行存款   20 200

      贷：受托代销商品   20 000

    经营收入   200

  （5）合作社日常还会受到成员的委托代购化肥、农药。在下一季度生产开始前，合作社接受成员乙的委托代购市场价值 200 元的农药一份。合作社以银行存款支付，并将农药交付给乙，乙将现金 200 元交给合作社。分录为：

    借：受托代购商品   200

      贷：银行存款   200

    借：成员往来——乙   200

      贷：受托代购商品   200

    借：库存现金   200

      贷：成员往来——乙   200

  （二）固定资产的核算及内部控制

  1. 购入固定资产

  固定资产可以分为需要安装以及不需要安装两种。购入需要安装的固定资产，在安装期间要借记"在建工程"课目，安装完成后将借记"固定资产"，贷记"在建工程"。购入不需要安装的固定资产，直接借记"固定资产"科目即可。

2. 自行建造固定资产

合作社自营工程主要通过"在建工程"科目进行核算，在工程完成后借记"固定资产"，贷记"在建工程"。

3. 投资者以固定资产投资入股

投资者将其固定资产作为资本投入合作社，应当按照投资各方确认的价值，借记"固定资产"科目；按照经过协商、批准的投资者占注册资本的份额计算的资本金额贷记"股金"科目；按两者之间的差额，贷记或借记"资本公积"科目。

（1）某合作社从事苹果的种植、销售。合作社购买拖拉机一台，价值 40 000 元，以银行存款支付。分录为：

借：固定资产　　　　　　　　　　40 000
　　贷：银行存款　　　　　　　　　　40 000

（2）为了方便苹果的储存，合作社购买红砖、钢筋、水泥等建筑材料一批，建设合作社的仓库，材料共计 100 000 元，全部用银行存款支付。在施工过程中，还支付了劳务费 10 000 元，在工程完毕后进行支付。工程完工，支付剩余款项并交付使用。工程施工时，分录为：

借：库存物资　　　　　　　　　　100 000
　　贷：银行存款　　　　　　　　　　100 000
借：在建工程　　　　　　　　　　100 000
　　贷：库存物资　　　　　　　　　　100 000
借：在建工程　　　　　　　　　　10 000
　　贷：应付款——劳务费　　　　　　10 000

工程完工后，分录为：

借：应付款——劳务费　　　　　　10 000
　　贷：银行存款　　　　　　　　　　10 000
借：固定资产　　　　　　　　　　110 000
　　贷：在建工程　　　　　　　　　　110 000

三、合作社其他经济业务的账务处理

（一）无形资产的核算及内部控制

由于没有具体的物品，无形资产的价值很难被计量。在会计上，无形资产的价值是由合作社取得无形资产时发出的注册费、律师费等费用决定，或者由第三方机构出具的资产定价凭证决定的。并且，由于无形资产大多具有使用年限，因此，还需要制定摊销规则，对无形资产进行合理的摊销。

（1）某合作社自行研发一项科学种植技术，期间共产生研究费用 20 000 元，支付注册费 5 000 元，律师费 1 000 元。分录为：

借：无形资产　　　　　　　　　6 000
　　贷：银行存款　　　　　　　　　6 000
借：管理费用　　　　　　　　　20 000
　　贷：银行存款　　　　　　　　　20 000

（2）该合作社向外购买一项保鲜技术，花费 10 000 元。分录为：

借：无形资产　　　　　　　　　10 000
　　贷：银行存款　　　　　　　　　10 000

（3）合作社在章程中规定，无形资产按 10 年直线摊销，则每年应摊销的价值为 1 600 元，每年年终结算时应记录。分录为：

借：管理费用　　　　　　　　　1 600
　　贷：无形资产　　　　　　　　　1 600

（二）对外投资的核算及内部控制

对外投资是合作社获取利益的一项重要手段，由于对外投资具有一定风险，合作社更应当建立对外投资业务的内部控制制度。在对外投资项目内部控制时，应当明确审批人和经办人的权限、程序、责任和相关控制措施。合作社的对外投资业

务,应当由理事会提交成员大会决策,严格实行民主控制。并且,对外投资的收益必须要计入合作社总收益当中,严禁设置账外账、小金库。

某合作社以银行存款 100 000 元对某下游企业进行投资,当年获得投资收益 10 000 元。分录为:

借:对外投资　　　　　　　　　　100 000
　　贷:银行存款　　　　　　　　　　　　100 000
借:银行存款　　　　　　　　　　10 000
　　贷:投资收益　　　　　　　　　　　　10 000

(三) 农业资产的核算与内部控制

合作社农业资产的价值构成与其他资产的价值构成有明显差别,这是因为,生物具有成长期,在成长期间价值会增加,增加的价值就被称为农业资产价值。农业资产价值的计量要包括三部分,首先是原始价值;其次是在成长期间产生的饲养价值、管护价值以及培养价值;最后是摊余价值,反映了农业资产的现价。

(1) 合作社年初购买幼牛 5 头,每头 500 元,以银行存款支付。分录为:

借:牲畜资产——幼畜及育肥畜——幼畜——牛
　　　　　　　　　　　　　　　　　　2 500
　　贷:银行存款　　　　　　　　　　2 500

(2) 在养殖过程中,合作社共发生费用包括:应付养牛人员工资 2 000 元,喂牛饲料 3 000 元。分录为:

借:牲畜资产——幼畜及育肥畜——幼畜——牛
　　　　　　　　　　　　　　　　　　5 000
　　贷:应付工资　　　　　　　　　　2 000
　　　　产品物资——饲料　　　　　　3 000

(3) 年底,幼牛成龄后,转为产畜,即将出栏卖给肉加工厂。分录为:

借：牲畜资产——幼畜及育肥畜——产畜——牛

7 500

　　贷：牲畜资产——幼畜及育肥畜——幼畜——牛

7 500

（4）合作社将肉牛卖给某肉加工厂，每头牛售价2 000元，货款以银行存款结清。分录为：

借：银行存款　　　　　　　　　　　10 000

　　贷：经营收入　　　　　　　　　　10 000

借：经营支出　　　　　　　　　　　7 500

　　贷：牲畜资产——幼畜及育肥畜——产畜——牛

7 500

（四）完善资产管理

作为独立的市场经济主体，农民专业合作社做好资产管理工作，组织好各种财务关系，可以保证合作社生产经营活动的健康运行，增加合作社的盈利水平，提高为成员服务的能力。因此，管好合作社的资产，是合作社稳定、健康、快速发展的基石。管好合作社的资产不意味着要一味地控制成本，也不意味着为了追求效益反而产生了浪费。由于合作社的资产可以分为有形和无形两种资产，因此，完善合作社资产管理，需要从以下两方面进行思考。

1. 管好合作社的有形资产

第一，要加强固定资产管理的宣传，改变观念，重视管理。固定资产具有很长的使用期限，要强调固定资产管理对合作社长期运营的作用，在管理中既要加大宣传，又要严格标准，责任到人。

第二，良好的资产管理离不开人的执行。充实资产管理人员，提高资产管理人员素质，加强对资产管理人员的职业培训。

第三，要完善资产管理制度，制定相应的激励、惩罚机制。为了提高成员对合作社资产管理的效率，要有奖有惩，奖惩有度。

第四，加强内部控制。由于有形资产种类繁多，在内部控制环节有不同的重点。要合理控制流动资产规模，既要防止流动资金规模过大，造成资金的浪费及闲置，又要防止合作社周转资金不足，加剧合作社经营负担；要合理控制对外投资，充分考虑投资风险、投资机会成本以及投资的预期收益，谨慎投资。

第五，在固定资产投资上，要合理规划，因地制宜，减少生产能力的闲置和浪费。要根据本地区区位条件以及合作社自身情况，合理规划合作社未来发展的战略，按部就班扩大产能，不能盲目地增加购置固定资产。

2. 建立合作社的品牌

合作社最重要的无形资产是合作社的品牌。合作社的品牌是合作社营销能力的象征，也是合作社农产品质量的具体体现。一个好的合作社离不开好的产品，合作社好的产品离不开品牌建设。推进合作社品牌建设既要坚持培育合作社文化，又要提高农产品质量。合作社文化是合作社品牌发展的前提，合作社的文化与成员的参与意识密不可分，最终会影响到成员的农业生产。当前质量安全问题是社会关注的重点，提高农产品质量安全有利于合作社的产品从市场中脱颖而出。

四、年终盈余分配

合作社经营所产生的剩余，《农民专业合作社法》称之为盈余。具体而言，盈余是指合作社在一定会计期间内生产经营和管理活动所取得的净收入，即收入和支出的差额。它反映了合作社一段时期内经营管理的成果。区别于一般经济组织，合作社的盈余需要分配给合作社的成员。《农民专业合作社法》第三十七条规定，在弥补亏损、提取公积金后的当年盈余，为农民专业合作社的可分配盈余。在本节中，我们将分析合作社可分配盈余的来源，介绍合作社盈余分配的形式，并对其中的问题和误区进行阐述。

（一）可分配盈余的来源

合作社可分配盈余就是合作社收入和支出的差额。之所以会产生盈余，是因为通过合作，可以增加收入，或者降低支出。农业是"小生产""大市场"的行业，小规模的农业生产者只能被动地参与市场，接受市场定价。通过加入合作社，小规模的农业生产者凝聚成一个整体，可以形成规模优势，从而提高销售价格，降低生产资料的购买成本，实现合作收益。

（二）盈余分配的顺序及形式

合作社在进行年终盈余分配工作以前，要准确核算全年收入和支出，结清有关账目，核对成员个人账户。合作社的盈余分配要按照一定顺序、一定形式进行。

1. 合作社盈余分配的顺序

（1）清偿债务。合作社在盈余分配前需要清偿的债务包括合作社已经到期的借款、本年度发生的代购代销以及劳动服务合同的结算兑现。

（2）弥补亏损。如果往年存在亏损，合作社需要用本年度利润弥补往年亏损。

（3）提取公积金。合作社应当按照合作社章程的规定，按比例从盈余中提取公积金。

（4）盈余返还。合作社在清偿债务、弥补亏损、提取公积金后，剩余的盈余要按成员与本社交易量（额）的比例返还，《农民专业合作社法》第三十七条规定，按交易量（额）比例返还的比例不得低于可分配盈余的60%。

（5）剩余盈余分配。按交易量（额）的比例返还是盈余返还的主要方式，但不是唯一途径。根据《农民专业合作社法》第三十七条第二款的规定，合作社可以根据自身情况，按成员账户中记载的出资和公积金份额，以及本社接受国家财政直接补助和他人捐赠形成的财产平均量化到成员的份额，按比例分配部分盈余。

2. 可分配盈余分配的形式

（1）按交易额返还。

①形式：按交易额返还可以分为事前返还和事后返还。所谓事前返还，是指在成员与合作社发生交易时，合作社就将预期盈余的一部分拿出来，作为价格改善直接返还给消费者。这种价格改善体现在合作社收购成员产品时定价高于市场价。由于事前返还比较明显，成员能直接获得利益，不承担任何风险，所以大多数合作社均采取事前返还的政策。所谓事后返还，是指在合作社清算完盈余之后，将盈余中的一部分，按照每个成员与合作社交易量（额）的比例返还给成员。这两种返还形式在本质上并没有区别，但由于前者在年终结算前，后者在年终结算后，二者的作用及效果完全不同。②分配的要求：根据《农民专业合作社法》第三十七条的规定，无论是事前返还还是事后返还，其总额占可分配盈余的比例不得低于60%。

（2）提取公积金。

①公积金的作用：公积金又称储备金，是农民专业合作社为了巩固自身的财务基础，提高本组织对外信用和预防意外亏损，依照法律和章程的规定，从盈余中积存的资金。《农民专业合作社法》第三十五条规定，农民专业合作社可以按照章程规定或成员代表大会决议从当年盈余中提取公积金。公积金的作用有3个：一是弥补亏损，二是扩大生产经营，三是转为成员出资。②提取比例：公积金的提取比例由合作社章程或成员代表大会决议决定。

（3）剩余盈余分配。

①目的和作用：剩余盈余分配的主要形式是按股分红。之所以存在按股分红，是因为在现实中，由于资金稀缺，合作社中必然存在成员出资不同的情况，那么就必须重视成员出资在合作社中的运作和获得盈余中的作用，适当按照出资额进行盈余分配，对成员出资进行激励，可以使多出资的成员获得较多的盈余，从而鼓励成员出资，壮大合作社资金实力。②要求：《农民专业合作社法》第三十七条第二款的规定，合作社可以根据自身情况，按成员账户中记载的出资和公积金份额，以及本社接受国家财政直接补助和他人捐赠形成的财产平均量化到成员的份额，按比例分配部分盈余。这一比例不得高于40%。

某合作社从事西瓜的种植、销售。2014年西瓜的市场价平均为10元/千克，合作社按照每千克比市场价高0.2元的价格从成员手中收购了50 000千克西瓜。合作社努力拓展渠道，以每千克12元的价格将西瓜卖给大中型超市。每千克西瓜合作社需要承担运输费、保管费及银行贷款利息1元。2014年末，合作社实现盈利，并弥补了2013年产生的亏损10 000元。合作社根据章程及成员大会决议，制定本年度公积金提取比例为20%。因此，本年度可分配盈余为：

$$[(12 - 10 - 0.2 - 1) \times 50\,000 - 10\,000] \times (1 - 0.2) = 24\,000\,(元)$$

公积金为：

$$[(12 - 10 - 0.2 - 1) \times 50\,000 - 10\,000] \times 0.2 = 6\,000\,(元)$$

下面考虑可分配盈余分配的3种情况。

（1）可分配盈余中60%按交易额返还给社员，40%按股金和公积金份额返还。

因此，应向成员返还盈余：

$$24\,000 \times 0.6 = 14\,400\,(元)$$

应向成员分配剩余盈余：

$$24\ 000 \times 0.4 = 9\ 600\ (元)$$

实际向成员返还盈余：

$$14\ 400 + 10\ 000 = 24\ 400\ (元)$$

实际按交易额返还比例：

$$24\ 400 / (24\ 400 + 9\ 600) \times 100\% = 71.7\%$$

（2）可分配盈余中50%按交易额返还给社员，50%按股金和公积金份额返还。

因此，应向成员返还盈余：

$$24\ 000 \times 0.5 = 12\ 000\ (元)$$

应向成员分配剩余盈余：

$$24\ 000 \times 0.5 = 12\ 000\ (元)$$

实际向成员返还盈余：

$$12\ 000 + 10\ 000 = 22\ 000\ (元)$$

实际按交易额返还比例：

$$22\ 000 / (22\ 000 + 12\ 000) \times 100\% = 64.1\%$$

（3）可分配盈余中40%按交易额返还给社员，60%按股金和公积金份额返还。

因此，应向成员返还盈余：

$$24.000 \times 0.4 = 9\ 600\ (元)$$

应向成员分配剩余盈余：

$$24\ 000 \times 0.6 = 14\ 400\ (元)$$

实际向成员返还盈余：

$$9\ 600 + 10\ 000 = 19\ 600\ (元)$$

实际按交易额返还比例：

$$19\ 600 / (19\ 600 + 14\ 400) \times 100\% = 57.6\%$$

综合以上三种情况可以看出，在多数情况下，成员获得的按交易额返还的比例均高于《农民专业合作社法》规定的最低60%的要求，实际返还的比例取决于合作社的经营管理成本以及通过合作所带来收益的多少。

第三节 农民专业合作社的合理分账

分账，是指生产要素（特别是生产工具）或生产物在不同社会成员和经济群体之间的分割。生产要素的分账是生产本身的问题，是生产的条件和前提，实际上是生产资料所有制的问题。生产物的分账则是生产要素分账的结果。生产物的分账是社会再生产过程中的一个重要环节。社会再生产是生产、分账、交换和消费的统一体。生产是出发点，通过分账和交换，最后进入消费。分账是连接生产和消费的一个中间环节。在再生产过程中，分账取决于生产。分账的对象是生产出来的产品，分账的性质取决于生产关系的性质。分账对生产也有重要的反作用，它直接涉及人们之间的物质利益关系，对生产的发展起着促进或延缓的作用。

农民合作社的分账，是指生产物的分账，即社员按事业利用额分红和按出资额分红。

一、农民合作社的分账分类

（一）按事业利用额分红

按事业利用额分红是指按社员实际利用合作社事业的份额进行分账。其基准由理事会决定。

事业利用额分红没有上限规定。因此，社员中谁多利用合作社事业，谁就多得分红收入。

（二）按出资金额分红

按出资金额分红是指按社员实际出资的份额进行分账。一般地，按出资金额分红是在按事业利用额分红后有剩余时才进行的。

出资金额分红一般有上限规定，其基准由合作社章程规定。分红率必须适用于全体社员，绝不能区别对待社员。

二、收益分配公平合理

要做好农民专业合作社的盈余分配工作，需要注意以下几种情况：一是如果合作社执行的是"成本原则"，年终没有盈余就不分配。二是如果年终合作社有盈余，并且经成员们商议之后统一留作积累，也可不分配。三是如果年终合作社有盈余，而且成员们讨论之后决定要进行分配，那么合作社就应该按照《农民专业合作社法》的相关规定来进行分配。分配的基本原则是按交易额返还盈余不得低于盈余分配总额的60%。

三、定期公开社务

民主管理是合作社的基本原则之一。为了使社员积极参与和监督合作社的社务，合作社必须实行社务公开。

（一）社务公开的主要内容

社务公开的主要内容如下。

（1）合作社理事长须将每会计年度的事业预算、决算报告书备置在主事务所，以便社员随时查阅，接受社员的监督。

（2）合作社理事长须将章程、大会记录、理事会记录、社员名册等文书备置在主事务所，以公开合作社的运营状况。

（3）经社员若干人同意，可要求查阅合作社会计账簿；无特殊理由，合作社领导不能予以拒绝。

（4）对合作社业务有违反法规或章程的疑问时，经社员若干人同意，可请求有关部门派人检查合作社业务。

（5）设立合作社运营评价咨询会议。它由社员代表和社外合作经济专家若干人组成。其基本职能是：评价合作社运营状况，提出完善合作社运营的对策等。合作社理事长须向理事会和大会报告该会议提出的对策，并努力加以实施。

（二）社务公开的形式

第一，以公开栏的形式公开。在农民专业合作社的办公地点设置社务公开栏，将公开事项逐条予以公布，并设置意见箱。

第二，以会议和公开信的形式公开。通过召开成员（代表）大会，发放社务公开内容资料，宣读公开内容进行公开。合作社还需要定期印发社员公开信并公开社员应知的内容。

第三，以填写发放社员证的形式公开。设计制作集注明社员身份、股金证明、社员个人账卡、社情员意、明白卡等于一体的社员证，适时填写发放公布，但不得取代公开栏。

（三）社务公开的时间

每季度月底应该公布基本社务，且每年需定期公开四次。财务公开内容需每月公开一次。填发社员证公开，一般一年一次。此外，应当及时公开的事项需要随时予以公布。

（四）社务公开的程序

第一，依照政策法规和社员的要求，监事会需根据本社的实际情况，提出社务公开的具体方案。

第二，理事会在对方案进行审查、补充、完善之后，需要根据公开的内容采取多种不同形式，并安排相关部门和人员及时并予以公布。

第三，监事会需要建立社公开档案以备查。

（五）意见反馈

每次在村务公开之后，理事会需要负责收集、听取、接受成员反映的询问、意见和投诉，并及时予以解释和答复。理事会能够当场答复的，需要当场给予答复；不能够当场答复的，应当于7日内作出答复。如果半数以上的成员对于社务公开的事项不同意，那么应当坚决予以纠正，并重新公布。对反映的突出问题要组织专门人员调查、核实、纠正，并督促整改落实。

（六）监督管理

对不按规定进行社务公开的，监事会可以责令其限期公开；对弄虚作假、欺瞒成员的，应该给予有关责任人员批评教育，并责令其改正；对拒不改正或者情节严重以及有打击报复行为的，可以建议理事会按程序对有关责任人员予以罢免职务和除名；对社务公开中发现有挥霍、侵占、挪用、贪污合作社财物及其他违法行为的，应当及时处理，对其中构成犯罪的，移交司法机关依法处理。

第四节　合作社的财务数据分析

对合作社财务进行分析，主要是对合作社的会计报表进行分析，内容涉及财务管理及相关经济活动的各个方面，概括起来主要有以下几个方面。

一、对资产使用情况和财务状况进行分析

（1）对固定资产的增加、减少和结存情况的分析主要是固定资产的增加及其资金来源是否符合规定，减少是否合理和经过批准，尤其是国家财政直接补助和接受捐赠形成的固定资产是否按规定单独处理。各项固定资产使用是否充分有效，有无长期闲置和保养不善等情况。

（2）对资金流转情况的分析主要是分析合作社有无保证其正常运转的资金（主要是货币资金）。

（3）对往来款项的余额分析应分析各种应收应付款的分布及未结算原因，各项借款、国家财政直接补助资金的使用情况，各项盈余返还给成员的情况。对长期不清、挂账、呆账等问题，查明原因，及时处理。

（4）对存货增减情况的分析要分析各种产品物资的结构情况，有无长期积压和浪费损失的现象。分析各项受托和委托

的产品物资是否按要求及时办理。

另外，分析库存现金及银行存款的运用是否符合现金管理和银行结算制度。

二、对收入支出情况进行分析

主要是分析各项收入是否符合有关规定，是否执行了章程规定的收取标准，是否完成了预算收入计划，各项收入的增减变动情况及其变动的原因。分析支出是否按规定的用途和标准使用，支出结构是否合理，支出增减变动的原因等，找出支出管理中存在的问题，提出加强管理的措施，提高资金的使用效果。

在进行合作社收支情况分析时，应先根据会计报表及有关资料，编制预算收支情况分析表，然后再逐项进行分析。

三、对偿债能力进行分析

（一）短期偿债能力分析短期偿债能力考核成绩的分析指标主要有流动比率、速动比率和现金比率

（1）流动比率。是指流动资产除以流动负债的比值，其计算公式为：

$$流动比率 = 流动资产 \div 流动负债$$

流动资产包括库存现金、银行存款、应收款项、存货等。流动负债主要包括短期借款、应付款项、应付工资、应付盈余返还、应付剩余盈余等。

流动比率反映合作社偿还短期债务的能力，合作社能否偿还短期债务，要看有多少短期债务，以及有多少可以变现偿债的流动资产，流动资产越多，短期债务越少，则说明合作社偿还能力越强。

（2）速动比率。是指流动资产中扣除存货部分以后，再除以流动负债的比值。其计算公式为：

速动比率＝（流动资产－存货）÷流动负债

流动资产扣除存货后的剩余部分又称为速动资产，速动资产除以流动负债就称之为速动比率。为什么在计算速动比率时要扣除存货呢？主要有以下四个原因：一是流动资产中存货变现速度最慢，二是部分存货可能因某种原因而损失报废尚未处理，三是部分存货可能已经抵押给债权人了，四是存货估价可能与市价相差甚远。所以扣除存货后的速动比率是比流动比率更进一步偿债能力指标，速动比率比流动比率更能反映合作社偿还短期债务的能力。

（3）现金比率。是指流动资产中的货币资金除以流动负债的比值。其计算公式为：

现金比率＝（现金＋银行存款）÷流动负债

或

现金比率＝（流动资产－存货－应收款项）÷流动负债

现金比率表明合作社目前有多少货币资金可以立即偿还债务，比速动比率更进一步地反映了合作社偿还短期债务的能力。

（二）长期偿债能力分析长期偿债能力分析研究的指标主要有资产负债率和产权比率

（1）资产负债率。是指债务总额除以资产总额的百分比。其计算公式为：

资产负债率（％）＝（债务总额÷资产总额）×100

资产负债率反映合作社总资产中债权人的权益有多少份额，可以衡量合作社对债权人债权的保障程度。

（2）产权比率。是指负债总额与所有者权益总额的百分比。公式为：

产权比率（％）＝（负债总额÷所有者权益总额）×100

产权比率也是衡量长期偿债能力的指标，反映合作社所有者有多少权益可以保障债权人的债权，一般来说，普遍认为所有者权益大于债权的权益为好，这样债权人权益才能够得到所有者的有力保障。

产权比率与资产负债率对评价长期偿债能力的作用基本相同，但二者侧重点不同，资产负债率侧重于分析债务偿付安全性的物质保障程度，产权比率侧重于揭示财务结构的稳健程度以及自有资金对偿债风险的承受能力。

四、对成员权益进行分析

（1）对成员权益变动情况的分析 分析成员入社、退社是否按照章程规定或成员大会决定进行，分析合作社因股金溢价等原因增加或减少资本公积、合作社年终计提盈余公积以及国家财政补助资金和接受捐赠形成专项基金时，是否在成员权益上进行反映，是否及时准确记录在成员账户中。

（2）对量化给成员的公积金份额的分析 分析资本公积和盈余公积是否量化到成员，在量化给成员的过程中，量化比例是否按照成员应享有合作社注册资本的份额占总注册资本的比例进行。

（3）对国家财政直接补助和接受捐赠形成财产量化给成员份额的分析 分析国家财政补助资金和接受捐赠形成财产是否计入专项基金并平均量化到每位成员，尤其重点分析该部分财产形成之后，加入合作社的成员是否平均量化到这些财产。

（4）对返还给成员本年盈余的分析 分析合作社是否按照章程规定或成员大会决定的比例计提应付盈余返还和应付剩余盈余，分析合作社是否按成员与合作社的交易量（额）进行盈余返还，剩余盈余的分配是否按成员账户记载的权益份额占合作社权益总份额的比例进行。

五、对财务管理情况进行分析

主要是分析合作社各项财务管理制度是否健全，是否符合国家有关规定和本合作社的实际情况，各项管理措施的落实情况如何。同时，要找出存在的问题，进一步健全和完善各项规章制度和管理措施，提高财务管理水平。

第五节　农民专业合作社财务制度

财务制度包含两方面内容：一是各级政府财政部门制定的、企业组织活动和处理财务关系的行为规范；二是企业根据财政部门制定的财务制度制定的企业内部财务制度。

农民农业合作社财务制度，是指农民专业合作社资金收支、转账管理、成本费用的计算、经营收入的分配、现金管理、财务报告、债务清偿与纳税等方面的规程。农民专业合作社财务制度包括两大方面：一是国家及有关部门根据农民专业社财务制度管理的需要制定的有关财务管理方面的制度；二是农民专业合作社本身依据国家法律、行政法规与财务会计制度，为加强财务管理与核算而制定的内部规章制度。具体包括财务会计机构与人员设置、职责范围、财务会计收支与报销程序等。规范的财务会计制度能够加强农民专业合作社的财务管理，提高经济效益，也便于内部有关人员与机构依法开展监督。农民专业合作社财务管理制度主要包括以下几个方面的制度。

（1）成员股金管理制度。

（2）资金筹集与管理制度。

（3）固定资产与产品物资管理制度。

（4）货币资金与有价证券管理制度。

（5）投资及成本费用管理制度。

（6）收益和盈余分配制度。

（7）会计核算与会计监督制度。

（8）经费开支审批制度。

（9）财会机构与人员责任制度。

财务管理办法是在财务管理制度基础上的细化和具体化，是就财务管理制度内容作出的具体安排。资金的来源就有成员股金、各种捐款、政府资助、开展业务的收入、利息、各种资产收益等多种方式，财务管理办法就是要对上述经费来源与安排作出说明。而其中成员股金的认购又包括以货币、实物资产、劳务、技术、土地等入股，不同的入股方式在盈余分配上是否有区别等，在财务管理办法中要明确用在哪方面，常用的有召开成员代表大会，理事会和其他会议的支出，开展业务活动的支出，合作社的办公费，聘请专家、学者、技术人员的费用，合作社的各种宣传费用等，而且要对费用的支出作出预算，并明确审批权限等，这些都要在财务管理办法中作出详细说明。农民专业合作社财务管理办法可参照财政部的《村合作经济组织财务制度（试行)》以及中小企业财务管理办法制定。

第六节　农民专业合作社信贷常识

农民专业合作社贷款是指农村信用社向辖内农民专业合作社及其成员发放的贷款。"农民专业合作社"是指按照《中华人民共和国农民专业合作社法》规定，经工商行政管理部门核准登记的农民专业合作社。针对农民专业合作社组织形式的特点和经营管理水平，采取"宜社则社，宜户则户"的办贷方式。

一、贷款条件

1. 合作社向信用社贷款的条件

农民专业合作社向农村信用社申请贷款应具备以下条件。

（1）经工商行政管理部门核准登记，取得农民专业合作社法人营业执照。

（2）有固定的生产经营服务场所，依法从事农民专业合作社章程规定的生产、经营、服务等活动，自有资金比例原则上不低于30%。

（3）具有健全的组织机构和财务管理制度，能够按时向农村信用社报送有关材料。

（4）在农村信用社开立存款账户，自愿接受信贷监督和结算监督。

（5）信用等级在 A 级以上。具有偿还贷款本息的能力，无不良贷款及欠息。

（6）持有中国人民银行颁发并经过年鉴的贷款卡。

（7）信用社规定的其他条件。

2. 合作社社员贷款的条件

农民专业合作社成员贷款应具备的条件。

（1）年满18周岁，具有完全民事行为能力、劳动能力或经营能力的自然人。

（2）户口所在地或固定住所（固定经营场所）必须在信用社的服务辖区内。

（3）有合法稳定的收入，具备按期偿还贷款本息的能力。

（4）在信用社开立存款账户。

（5）信用等级 A 级（含）以上。

（6）信用社规定的其他条件。

二、贷款额度

农民专业合作社及其成员的贷款额度分别根据信用状况、资产负债情况、综合还款能力和经营效益等情况合理确定。农民专业合作社的贷款额度原则上不超过其净资产的70%；对农民专业合作社的贷款期限原则上不超过 1 年，对农民专业合作社成员的贷款原则上不超过 2 年。

三、利率

农民专业合作社及其成员贷款实行优惠利率，具体优惠幅度由县（市、区）联社、农村合作银行根据中国人民银行的利率政策及有关规定结合当地情况确定。农民专业合作社成员经营项目超出其所属农民展业合作社章程规定的经营范围的，不享受规定的优惠利率。

四、担保方式

农民专业合作社贷款采取保证、抵押或质押的担保方式，农民专业合作社成员贷款采取"农户联保＋互助金担保""农户联保＋农民展业合作社担保""农户联保＋互助金担保＋农民专业合作社担保"或其他担保方式。

五、注意问题

《中华人民共和国农民专业合作社法》是 2006 年 10 月 31 日由全人大十届常委会第 24 次会议通过的，自 2007 年 7 月 1 日才开始起施行。作为社会主义新农村建设的新生事物，农民合作社作为对提高农民发家致富促进农村经济发展起了重要的作用，并已成为一种新型的农村生产经营方式，农村中小金融机构在扶持这一新生事物过程中发挥了主力军作用，取得了一定的成效，促进了当地农村经济的发展。但在对有贷款的农民合作社走访调查中，我们发现农村中小金融机构在给各种农民合作社贷款的过程中出现了一些认识和操作方面误区，亟待引起改进和关注。

1. 关注农民专业合作社成立的合法性，谨防"空壳社"

这种披着合法外衣的有名无实的合作社实际上等同与"空壳社"，其成立的目的就是获取国家优惠政策补贴，套取项目资金和银行贷款，其行为已严重影响到其他正规合作社的诚信经营和健康发展，威胁到中小金融机构的信贷安全，因此农村中小金融机构要密切关注农民专业合作社的合法性，在积极支持正规合作社经营发展的同时，要坚决将披着合法外衣的"空壳社"阻隔在银行信贷资金支持体系之外。

2. 关注农民专业合作社运作的有效性，慎防问题严重无发展前景的合作社

尽管大部分合作社制定了章程，设立了理事会、监事会和社员大会等必要机构，但由于成立时间晚，经验不足，不少合作社在具体运作和发挥效能方面存在许多严重问题，归纳起来主要表现在以下几方面。

（1）合作意识薄弱，缺乏为社员服务精神。

（2）缺乏实质性的民主管理。

（3）内控制度不完善。

（4）盈利模式和盈余的分配方式存在不足，部分合作社利益分配混乱，股金分红和利润返随意性大，不能按成员的出资额、成员与本社的交易量进行盈余分配。

（5）抗风险能力弱。主要表现为：经营规模小，注册资金不足；会员以个人身份接触市场，市场适应能力弱，经营风险大；内部合作不紧密，缺乏凝聚力，形不成利益共同体；资金缺乏，项目资金及优惠补助不能及时到位；社会保障体系不健全，各种风险保障措施（如农业保险）不能及时跟上，阻碍了合作社发展壮大。

3. 防止农民专业合作社挤占挪用会员贷款和变相套取银行贷款

如某养牛合作社所辖牧业园，银行承诺向牧业园内每个农户贷款30万元，贷款取得后作为进入园区的条件，农户要将其中的10万元贷款交给园区进行固定资产投资，其余20万元农户才能用于买牛及在园区内养牛的费用支出；又如某养鹿合作社，前身是以养鸭为主的村集体组织，在前些年套取某银行

贷款后，养鸭产业化为乌有，银行的养鸭贷款成了呆死帐，现在摇身一变又成了养鹿合作社，该合作社现已取得部分贷款，并还要银行增加信贷支持。

4. 及时总结经验教训，审慎发放农民合作社贷款

面对众多合作社的发展现状，农村中小金融机构要及时总结经验教训，在积极扶持的同时，采取多种措施审慎发放贷款。

一要严格做好贷前调查工作，对农民合作社合法合规性及运作的有效性进行严格贷前调查，包括成立的合法性（机构场所、会员构成、章程、营业执照情况）、运作的合规性（入社退社情况、民主管理情况、为社员服务情况、盈余分配方式等）、发展前景、诚信状况、市场风险等进行详细的贷前摸底调查，形成详尽的贷前调查报告，对不具备规定条件的"空壳社"、有严重问题的合作社和变相套取银行贷款的合作社要坚决排除在外。

二要高度重视农民合作社存在的信用风险和市场风险，成立或聘请相应的评估机构，对其进行贷前信用和市场风险评估，对不具备实力、不诚信的高风险合作社要审慎贷款。

三要严格把好审核关，成立专门的合作社贷款审核机构对合作社贷款进行多方审核，审核的重点是农民合作社的合法合规性、运作的有效性、是否存在信用风险和市场风险，以及是否存在变相套取银行贷款和挤占挪用会员贷款的问题等。

四是做好贷后检查和后期帮扶工作，积极防范贷后资金风险。

五是树立农村中小金融机构支持合作社发展的典型，对有一定实力、合法合规经营、内部管理完善、运行良好、有发展前景的合作社在信贷资金方面给予大力支持，并以点带面。

模块九 合作社扶持政策

第一节 金融服务政策

当前农村经济主体在发展中面临着诸多问题，其中，金融服务支持不足是制约其长远发展的关键问题。因此，改革农村金融体系势在必行，只有这样才能使农民专业合作社等经济主体摆脱资金匮乏的状态。

一、加大信贷支持力度

鼓励把对农民专业合作社法人授信与对合作社成员单体授信结合起来，建立农业贷款绿色通道，采取"宜户则户、宜社则社"的办法，提供信贷优惠和服务便利。将农户信用贷款和联保贷款机制引入农民专业合作社信贷领域，积极满足农民专业合作社小微贷款需求。对资金需求量较大的，可运用政府风险金担保、农业产业化龙头企业担保等抵押担保方式给予资金支持。对于遭受自然灾害等不可抗力原因导致贷款拖欠的农民专业合作社，可按照商业原则适当延长贷款期限，并根据需要适当追加贷款投入，帮助其恢复生产发展。

二、创新金融产品

鼓励以符合条件的农民专业合作社为平台，在有效控制信贷风险的基础上，扩大对农民专业合作社及其成员的信用贷款发放。鼓励进一步探索扩大农民专业合作社申请贷款可用于担保的财产范围，创新各类符合法律规定和实际需要的农（副）产品订单、保单、仓单等权利以及农用生产设备、机械、林权、水域滩涂使用权等财产抵（质）押贷款品种。鼓励发展自助可循环流动资金贷款品种，做到一次申请，统一授信，周转使用。

三、改进金融服务方式

特别要围绕提高审贷效率和解决担保难题，创新服务方式。对于符合条件的农民专业合作社，可根据其生产经营规模、成员户数以及整体偿债能力等，对农民专业合作社及其成员进行综合授信，实现"集中授信、随用随贷、柜台办理、余额控制"。对于农民专业合作社以独立法人名义申请贷款的，可由其成员提供联保。对农民专业合作社成员个人申请贷款的，可采取合作社内封闭联保或由合作社提供信用担保方式。对于获得县级以上"农民专业合作社示范社"称号或受到地方政府奖励的农民专业合作社，推行金融超市"一站式"服务和农贷信贷员包社服务，在授信方式、支持额度、服务价格、办理时限等方面给予优惠。

四、鼓励发展信用合作

优先选择在农民专业合作社基础上开展组建农村资金互助社的试点。允许符合条件的农村资金互助社按商业原则从银行业金融机构融入资金。支持农民专业合作社采取共同持股基金或持股会等形式，集合和保护成员投资入股农村合作金融机构的股东（社员）权利。鼓励发展具有担保功能的农民专业合作社，运用联保、担保基金和风险保证金等联合增信方式，为成员贷款提供担保，借以发展满足农民专业合作社成员金融需求的联合信用贷款。鼓励农民专业合作社围绕农业产业化经营和延伸产业链条，借助担保公司、农业产业化龙头企业等相关农村市场主体作用，扩大成员融资的担保范围和融资渠道，提高融资效率。

第二节　财政扶持政策

在当前农民专业合作组织发展的初始阶段，各级政府要按照《农民专业合作社法》的规定对合作社予以财政资金扶持，《农民专业合作社法》明确规定要重点做好财政支持工作。首先，要加强支持资金的扶持力度，并完善相应的扶持方式和服务手段；其次，落实专项扶持资金，帮助农民专业合作社解决生产经营和技术服务中的实际困难，确保财政支持资金和项目真正发挥作用；最后，加大对支持资金的监管力度，防止有关部门擅自挪用项目资金。

一、设立发展专项基金

政府设立农民合作经济组织发展的专项基金，为农民合作经济组织的启动给予了资金支持，为农民合作经济组织有效运行提供了资金的保障。专项基金划拨是政府通过无偿方式得以实现的，但政府相关机构拥有对资金使用的监督权。当然政府也可以通过类似股金的方式将资金直接投入到专业合作经济组织中，并且与其他合作社中会员所缴纳股金共同构成经济合作组织的"资金池"。"资金池"源源不断地为合作社提供资金血液，保障合作社各种资金的需求。要保证"资金池"中有一定数量的基金，就要形成有序的资金注入与回收机制。重点是要形成良性的池内基金筹集、注入机制，加强协调与沟通，提高基金的使用效率，确保资金源头稳定。同时要对所发放基金建立完善的收回机制，在各专业合作经济组织发展到一定阶段，能够收回所投股金，使股金能够循环利用，扶持更多的农民合作经济组织，促进更多农民合作经济组织的发展。最终形成长效机制以及良性循环机制。

二、安排启动专项资金

在财政支农资金和农业产业化专项资金中安排一部分农民合作经济组织启动专项资金对农民合作经济组织从事诸如农业科技推广、改善耕地质量、兴修水利等农业基础设施、发展循环农业、进行农业信息化建设等行为给予财政资助；对农民合作经济组织建设标准化生产基地、购买大型农机设备等固定资产给予财政贴息，从而真正实现工业反哺农业的要求。

三、加大财政配套支持

金融部门应在财政政策的引导下大力扶持合作社，重点解决农民专业合作社无抵押、无担保、贷款难的问题。一是积极配合人民银行加大了政策引导力度。2008年以来，人行济南分行先后制定下发了《山东省农村金融产品和服务创新试点方案》、联合下发了《关于深化农村信用体系建设加快农民专业合作社发展的意见》，从加强合作社征信建设入手，引导金融机构积极探索符合合作社发展实际的信贷模式和信用担保形式。二是政府应积极推动金融机构落实扶持政策，通过农业银行、农村信用社等信贷机构，以担保或安排风险抵押金等多种形式向农民专业合作社提供低息和贴息贷款。例如山东省农行出台了《农民专业合作社流动资金贷款管理办法》，农村信用社出台了《农民专业合作社组织大联保体贷款管理暂行办法》等，为合作社的发展提供一些贷款优惠。

其次，财政资金安排要统筹兼顾、突出重点。既要重点扶持典型合作社，也要为带动性强、具有发展潜力的尚处于起步阶段的合作社提供发展的机会。同时，财政资金支持方式要灵活多样，坚持多渠道、多层次投入。

四、建立风险化解机制

明确中央关于政策性农业保险的扶持政策，建立政策性保险制度和再保险体系。协调和凝聚中央、地方、保险公司、龙头企业、农户等各方面的力量，积极探索运用再保险方式分散、化解政策性农业保险风险的机制，促进政策性农业保险的深化完善和可持续发展。

五、完善税收减免机制

我国《专业合作社法》明确规定"农民专业合作社享受国家规定的对农业生产、加工、流通、服务和其他涉农经济活动相应的税收优惠"。应根据各地成功的税收优惠政策，制定统一的税收优惠政策，建立专门的农民合作社税收体系。对农民专业合作社销售本社成员生产的农业产品，视同农业生产者销售自产农业产品免征增值税；增值税一般纳税人从农民专业合作社购进的免税农业产品可按13%的扣除率计算抵扣增值税进项税额；对农民专业合作社向本社成员销售的农膜、种子、种苗、化肥、农药、农机，免征增值税；对农民专业合作社与本社成员签订的农业产品和农业生产资料购销合同，免征印花税。

第三节　税收政策扶持

根据国家财政部、国家税务总局《关于农民专业合作社有关税收政策的通知》《企业所得税法》《企业所得税法实施条例》的精神，农民专业合作社税收扶持政策有如下内容。

（1）合作社享受国家规定对农业生产、加工、流通、服务和其他涉农经济活动相应税收优惠。

（2）对合作社销售本社成员生产的农业产品，视同农业生产者销售自产农业产品免征增值税。

（3）增值税一般纳税人从合作社购进的免税农业产品，可按13%的扣除率计算抵扣增值税进项税额。

（4）对合作社向本社成员销售的农膜、种子、种苗、化肥、农药、农机，免征增值税。

（5）对合作社与本社成员签订的农业产品和农业生产资料购销合同，免征印花税。

（6）合作社从事农、林木、渔业项目的所得，免征企业所得税；从事花卉、茶、以及其他饮料作物和香料作物的种植、海水养殖、内陆养殖的项目所得，减半征收企业所得税。

（7）合作社从事农产品初加工、兽医、农技推广、农机作业和维修等农、林、牧、渔服务业项目的所得，免征企业所得税。

（8）合作社从事农业机械、排灌、病虫害防治、植保、农牧保险以及相关技术培训业务，家禽、牲畜、水生动物的配种和疾病防治项目，免征营业税。

第四节　合作社相关法律法规

农民专业合作社的健康发展，离不开法律法规的指引和规范。目前合作社相关法律法规主要包括《农民专业合作社法》《农民专业合作社示范章程》《农民专业合作社登记管理条例》《农民专业合作社财务会计制度（试行）》等。以上关于农民专业合作社的法律法规，合作社管理人员可以在中国农民专业合作社网站（www.cfc.agri.gov.cn）"政策法规"—"法律法规"专栏查到。

【拓展阅读】

农民专业合作社主要法律法规

- 《中华人民共和国农民专业合作社法》
- 《农民专业合作社示范章程》
- 《农民专业合作社登记管理条例》
- 《农民专业合作社财务会计制度（试行)》
- 《关于农民专业合作社登记管理的若干意见》
- 《关于进一步做好农民专业合作社登记与相关管理工作的意见》
- 《关于进一步加强农民专业合作社财务管理工作的意见》
- 《关于支持有条件的农民专业合作社承担国家有关涉农项目的意见》
- 《关于农民专业合作社有关税收政策的通知》
- 《关于做好农民专业合作社金融服务工作的意见》
- 《关于开展农民专业合作社示范社建设行动的意见》
- 《农民专业合作社示范社创建标准（试行)》

一、《农民专业合作社法》

《农民专业合作社法》于 2006 年 10 月 31 日，由中华人民共和国第十届全国人民代表大会常务委员会第二十四次会议通过，自 2007 年 7 月 1 日起施行。这部法律赋予了农民专业合作社法人地位，填补了我国市场主体法律的一项空白，对农民专业合作社的设立、民主管理、财务制度等做了相应规定；对于支持、引导农民专业合作社的发展，规范农民专业合作社的组织行为，保护社员合法权益具有重要的作用。这部法律是所有合作社的实践者、指导者和理论研究者需要掌握的基本知识。《农民专业合作社法》分为：第一章总则，第二章设立和登记，第三章成员，第四章组织机构，第五章财务管理，第六章合并、分立、解散和清算，第七章扶持政策，第八章法律责任，第九章附则。

第一章总则，介绍了制定《农民专业合作社法》的意义、农民专业合作社的定义、农民专业合作社应当遵循的原则、法人资格取得、合作社财产、债务承担、权益保护、生产经营原则，政府扶持等内容。

第二章设立和登记，规定了设立农民专业合作社应当符合的条件、设立大会的召开与职权、农民专业合作社章程应当载明的事项、设立时应当向工商行政管理部门提交的文件。

第三章成员，规定了成为合作社成员的条件、成员构成、合作社成员权利、合作社成员大会的选举和表决、合作社成员应当承担的义务、成员退社与资格终止。

第四章组织机构，规定了农民专业合作社成员大会的组成与职权，成员大会的召开与决议作出，临时成员大会的召开，成员代表大会，理事长、理事、经理和财务会计人员、执行监事或者监事会成员的设立，理事长或者理事会的职权，理事长、理事和管理人员不得从事的行为。

第五章财务管理，规定了农民专业合作社进行会计核算应当遵循的法律，理事长或者理事会的财务管理职责，公积金的提取与用途，成员账户的设立与记载内容，可分配盈余的分配办法，监事会的财务监督职责。

第六章合并、分立、解散和清算，规定了合作社合并时的通知、债权、债务，合作社分立时的财产分割、债务承担，合作社的解散原因，清算组的负责事项。

第七章扶持政策，规定了国家对农民专业合作社，在财政支持、税收优惠和金融、科技、人才的扶持以及产业政策引导。

第八章法律责任，规定了农民专业合作社及其管理人员依法追究法律责任的几种情况。

【拓展阅读】

附录1 中华人民共和国农民专业合作社法

目 录

第一章 总则

第一条 为了支持、引导农民专业合作社的发展，规范农民专业合作社的组织和行为，保护农民专业合作社及其成员的合法权益，促进农业和农村经济的发展，制定本法。

第二条 农民专业合作社是在农村家庭承包经营基础上，同类农产品的生产经营者或者同类农业生产经营服务的提供者、利用者，自愿联合、民主管理的互助性经济组织。

农民专业合作社以其成员为主要服务对象，提供农业生产资料的购买，农产品的销售、加工、运输、贮藏以及与农业生产经营有关的技术、信息等服务。

第三条 农民专业合作社应当遵循下列原则：

（一）成员以农民为主体；

（二）以服务成员为宗旨，谋求全体成员的共同利益；

（三）入社自愿、退社自由；

（四）成员地位平等，实行民主管理；

（五）盈余主要按照成员与农民专业合作社的交易量（额）比例返还。

第四条　农民专业合作社依照本法登记，取得法人资格。

农民专业合作社对由成员出资、公积金、国家财政直接补助、他人捐赠以及合法取得的其他资产所形成的财产，享有占有、使用和处分的权利，并以上述财产对债务承担责任。

第五条　农民专业合作社成员以其账户内记载的出资额和公积金份额为限对农民专业合作社承担责任。

第六条　国家保护农民专业合作社及其成员的合法权益，任何单位和个人不得侵犯。

第七条　农民专业合作社从事生产经营活动，应当遵守法律、行政法规，遵守社会公德、商业道德，诚实守信。

第八条　国家通过财政支持、税收优惠和金融、科技、人才的扶持以及产业政策引导等措施，促进农民专业合作社的发展。

国家鼓励和支持社会各方面力量为农民专业合作社提供服务。

第九条　县级以上各级人民政府应当组织农业行政主管部门和其他有关部门及有关组织，依照本法规定，依据各自职责，对农民专业合作社的建设和发展给予指导、扶持和服务。

第二章　设立和登记

第十条　设立农民专业合作社，应当具备下列条件：

（一）有五名以上符合本法第十四条、第十五条规定的成员；

（二）有符合本法规定的章程；

（三）有符合本法规定的组织机构；

（四）有符合法律、行政法规规定的名称和章程确定的住所；

（五）有符合章程规定的成员出资。

第十一条 设立农民专业合作社应当召开由全体设立人参加的设立大会。设立时自愿成为该社成员的人为设立人。设立大会行使下列职权：

（一）通过本社章程，章程应当由全体设立人一致通过；

（二）选举产生理事长、理事、执行监事或者监事会成员；

（三）审议其他重大事项。

第十二条 农民专业合作社章程应当载明下列事项：

（一）名称和住所；

（二）业务范围；

（三）成员资格及入社、退社和除名；

（四）成员的权利和义务；

（五）组织机构及其产生办法、职权、任期、议事规则；

（六）成员的出资方式、出资额；

（七）财务管理和盈余分配、亏损处理；

（八）章程修改程序；

（九）解散事由和清算办法；

（十）公告事项及发布方式；

（十一）需要规定的其他事项。

第十三条 设立农民专业合作社，应当向工商行政管理部门提交下列文件，申请设立登记：

（一）登记申请书；

（二）全体设立人签名、盖章的设立大会纪要；

（三）全体设立人签名、盖章的章程；

（四）法定代表人、理事的任职文件及身份证明；

（五）出资成员签名、盖章的出资清单；

（六）住所使用证明；

（七）法律、行政法规规定的其他文件。

登记机关应当自受理登记申请之日起20日内办理完毕，向符合登记条件的申请者颁发营业执照。

农民专业合作社法定登记事项变更的，应当申请变更登记。农民专业合作社登记办法由国务院规定。办理登记不得收取费用。

第三章　成员

第十四条　具有民事行为能力的公民，以及从事与农民专业合作社业务直接有关的生产经营活动的企业、事业单位或者社会团体，能够利用农民专业合作社提供的服务，承认并遵守农民专业合作社章程，履行章程规定的入社手续的，可以成为农民专业合作社的成员。但是，具有管理公共事务职能的单位不得加入农民专业合作社。

农民专业合作社应当置备成员名册，并报登记机关。

第十五条　农民专业合作社的成员中，农民至少应当占成员总数的80%。

成员总数20人以下的，可以有一个企业、事业单位或者社会团体成员；成员总数超过20人的，企业、事业单位和社会团体成员不得超过成员总数的5%。

第十六条　农民专业合作社成员享有下列权利：

（一）参加成员大会，并享有表决权、选举权和被选举权，按照章程规定对本社实行民主管理；

（二）利用本社提供的服务和生产经营设施；

（三）按照章程规定或者成员大会决议分享盈余；

（四）查阅本社的章程、成员名册、成员大会或者成员代表大会记录、理事会会议决议、监事会会议决议、财务会计报告和会计账簿；

（五）章程规定的其他权利。

第十七条 农民专业合作社成员大会选举和表决，实行一人一票制，成员各享有一票的基本表决权。

出资额或者与本社交易量（额）较大的成员按照章程规定，可以享有附加表决权。本社的附加表决权总票数，不得超过本社成员基本表决权总票数的20%。享有附加表决权的成员及其享有的附加表决权数，应当在每次成员大会召开时告知出席会议的成员。

章程可以限制附加表决权行使的范围。

第十八条 农民专业合作社成员承担下列义务：

（一）执行成员大会、成员代表大会和理事会的决议；

（二）按照章程规定向本社出资；

（三）按照章程规定与本社进行交易；

（四）按照章程规定承担亏损；

（五）章程规定的其他义务。

第十九条 农民专业合作社成员要求退社的，应当在财务年度终了的3个月前向理事长或者理事会提出；其中，企业、事业单位或者社会团体成员退社，应当在财务年度终了的6个月前提出；章程另有规定的，从其规定。退社成员的成员资格自财务年度终了时终止。

第二十条 成员在其资格终止前与农民专业合作社已订立的合同，应当继续履行；章程另有规定或者与本社另有约定的除外。

第二十一条 成员资格终止的，农民专业合作社应当按照章程规定的方式和期限，退还记载在该成员账户内的出资额和公积金份额；对成员资格终止前的可分配盈余，依照本法第三十七条第二款的规定向其返还。

资格终止的成员应当按照章程规定分摊资格终止前本社的亏损及债务。

第四章　组织机构

第二十二条　农民专业合作社成员大会由全体成员组成，是本社的权力机构，行使下列职权：

（一）修改章程；

（二）选举和罢免理事长、理事、执行监事或者监事会成员；

（三）决定重大财产处置、对外投资、对外担保和生产经营活动中的其他重大事项；

（四）批准年度业务报告、盈余分配方案、亏损处理方案；

（五）对合并、分立、解散、清算作出决议；

（六）决定聘用经营管理人员和专业技术人员的数量、资格和任期；

（七）听取理事长或者理事会关于成员变动情况的报告；

（八）章程规定的其他职权。

第二十三条　农民专业合作社召开成员大会，出席人数应当达到成员总数2/3以上。

成员大会选举或者作出决议，应当由本社成员表决权总数过半数通过；作出修改章程或者合并、分立、解散的决议应当由本社成员表决权总数的2/3以上通过。章程对表决权数有较高规定的，从其规定。

第二十四条　农民专业合作社成员大会每年至少召开一次，会议的召集由章程规定。有下列情形之一的，应当在20日内召开临时成员大会：

（一）30%以上的成员提议；

（二）执行监事或者监事会提议；

（三）章程规定的其他情形。

第二十五条　农民专业合作社成员超过150人的，可以按照章程规定设立成员代表大会。成员代表大会按照章程规定可以行使成员大会的部分或者全部职权。

第二十六条 农民专业合作社设理事长一名，可以设理事会。理事长为本社的法定代表人。

农民专业合作社可以设执行监事或者监事会。理事长、理事、经理和财务会计人员不得兼任监事。

理事长、理事、执行监事或者监事会成员，由成员大会从本社成员中选举产生，依照本法和章程的规定行使职权，对成员大会负责。

理事会会议、监事会会议的表决，实行一人一票。

第二十七条 农民专业合作社的成员大会、理事会、监事会，应当将所议事项的决定作成会议记录，出席会议的成员、理事、监事应当在会议记录上签名。

第二十八条 农民专业合作社的理事长或者理事会可以按照成员大会的决定聘任经理和财务会计人员，理事长或者理事可以兼任经理。经理按照章程规定或者理事会的决定，可以聘任其他人员。

经理按照章程规定和理事长或者理事会授权，负责具体生产经营活动。

第二十九条 农民专业合作社的理事长、理事和管理人员不得有下列行为：

（一）侵占、挪用或者私分本社资产；

（二）违反章程规定或者未经成员大会同意，将本社资金借贷给他人或者以本社资产为他人提供担保；

（三）接受他人与本社交易的佣金归为己有；

（四）从事损害本社经济利益的其他活动。

理事长、理事和管理人员违反前款规定所得的收入，应当归本社所有；给本社造成损失的，应当承担赔偿责任。

第三十条 农民专业合作社的理事长、理事、经理不得兼任业务性质相同的其他农民专业合作社的理事长、理事、监事、经理。

第三十一条 执行与农民专业合作社业务有关公务的人员，不得担任农民专业合作社的理事长、理事、监事、经理或者财务会计人员。

第五章 财务管理

第三十二条 国务院财政部门依照国家有关法律、行政法规，制定农民专业合作社财务会计制度。农民专业合作社应当按照国务院财政部门制定的财务会计制度进行会计核算。

第三十三条 农民专业合作社的理事长或者理事会应当按照章程规定，组织编制年度业务报告、盈余分配方案、亏损处理方案以及财务会计报告，于成员大会召开的 15 日前，置备于办公地点，供成员查阅。

第三十四条 农民专业合作社与其成员的交易、与利用其提供的服务的非成员的交易，应当分别核算。

第三十五条 农民专业合作社可以按照章程规定或者成员大会决议从当年盈余中提取公积金。公积金用于弥补亏损、扩大生产经营或者转为成员出资。

每年提取的公积金按照章程规定量化为每个成员的份额。

第三十六条 农民专业合作社应当为每个成员设立成员账户，主要记载下列内容：

（一）该成员的出资额；

（二）量化为该成员的公积金份额；

（三）该成员与本社的交易量（额）。

第三十七条 在弥补亏损、提取公积金后的当年盈余，为农民专业合作社的可分配盈余。

可分配盈余按照下列规定返还或者分配给成员，具体分配办法按照章程规定或者经成员大会决议确定：

（一）按成员与本社的交易量（额）比例返还，返还总额不得低于可分配盈余的 60%；

（二）按前项规定返还后的剩余部分，以成员账户中记载的出资额和公积金份额，以及本社接受国家财政直接补助和他人捐赠形成的财产平均量化到成员的份额，按比例分配给本社成员。

第三十八条 设立执行监事或者监事会的农民专业合作社，由执行监事或者监事会负责对本社的财务进行内部审计，审计结果应当向成员大会报告。

成员大会也可以委托审计机构本社的财务进行审计。

第六章　合并、分立、解散和清算

第三十九条 农民专业合作社合并，应当自合并决议作出之日起十日内通知债权人。合并各方的债权、债务应当由合并后存续或者新设的组织承继。

第四十条 农民专业合作社分立，其财产作相应的分割，并应当自分立决议作出之日起10日内通知债权人。分立前的债务由分立后的组织承担连带责任。但是，在分立前与债权人就债务清偿达成书面协议另有约定的除外。

第四十一条 农民专业合作社因下列原因解散：

（一）章程规定的解散事由出现；

（二）成员大会决议解散；

（三）因合并或者分立需要解散；

（四）依法被吊销营业执照或者被撤销。

因前款第一项、第二项、第四项原因解散的，应当在解散事由出现之日起15日内由成员大会推举成员组成清算组，开始解散清算。逾期不能组成清算组的，成员、债权人可以向人民法院申请指定成员组成清算组进行清算，人民法院应当受理该申请，并及时指定成员组成清算组进行清算。

第四十二条 清算组自成立之日起接管农民专业合作社，负责处理与清算有关未了结业务，清理财产和债权、债务，分配清偿债务后的剩余财产，代表农民专业合作社参与诉讼、仲裁或者其他法律程序，并在清算结束时办理注销登记。

第四十三条　清算组应当自成立之日起 10 日内通知农民专业合作社成员和债权人，并于 60 日内在报纸上公告。债权人应当自接到通知之日起 30 日内，未接到通知的自公告之日起 45 日内，向清算组申报债权。如果在规定期间内全部成员、债权人均已收到通知，免除清算组的公告义务。

债权人申报债权，应当说明债权的有关事项，并提供证明材料。清算组应当对债权进行登记。

在申报债权期间，清算组不得对债权人进行清偿。

第四十四条　农民专业合作社因本法第四十一条第一款的原因解散，或者人民法院受理破产申请时，不能办理成员退社手续。

第四十五条　清算组负责制定包括清偿农民专业合作社员工的工资及社会保险费用，清偿所欠税款和其他各项债务，以及分配剩余财产在内的清算方案，经成员大会通过或者申请人民法院确认后实施。

清算组发现农民专业合作社的财产不足以清偿债务的，应当依法向人民法院申请破产。

第四十六条　农民专业合作社接受国家财政直接补助形成的财产，在解散、破产清算时，不得作为可分配剩余资产分配给成员，处置办法由国务院规定。

第四十七条　清算组成员应当忠于职守，依法履行清算义务，因故意或者重大过失给农民专业合作社成员及债权人造成损失的，应当承担赔偿责任。

第四十八条　农民专业合作社破产适用企业破产法的有关规定。但是，破产财产在清偿破产费用和共益债务后，应当优先清偿破产前与农民成员已发生交易但尚未结清的款项。

第七章　扶持政策

第四十九条　国家支持发展农业和农村经济的建设项目，

可以委托和安排有条件的有关农民专业合作社实施。

第五十条　中央和地方财政应当分别安排资金，支持农民专业合作社开展信息、培训、农产品质量标准与认证、农业生产基础设施建设、市场营销和技术推广等服务。对民族地区、边远地区和贫困地区的农民专业合作社和生产国家与社会急需的重要农产品的农民专业合作社给予优先扶持。

第五十一条　国家政策性金融机构应当采取多种形式，为农民专业合作社提供多渠道的资金支持。具体支持政策由国务院规定。

国家鼓励商业性金融机构采取多种形式，为农民专业合作社提供金融服务。

第五十二条　农民专业合作社享受国家规定的对农业生产、加工、流通、服务和其他涉农经济活动相应的税收优惠。支持农民专业合作社发展的其他税收优惠政策，由国务院规定。

第八章　法律责任

第五十三条　侵占、挪用、截留、私分或者以其他方式侵犯农民专业合作社及其成员的合法财产，非法干预农民专业合作社及其成员的生产经营活动，向农民专业合作社及其成员摊派，强迫农民专业合作社及其成员接受有偿服务，造成农民专业合作社经济损失的，依法追究法律责任。

第五十四条　农民专业合作社向登记机关提供虚假登记材料或者采取其他欺诈手段取得登记的，由登记机关责令改正；情节严重的，撤销登记。

第五十五条　农民专业合作社在依法向有关主管部门提供的财务报告等材料中，作虚假记载或者隐瞒重要事实的，依法追究法律责任。

第九章　附则

第五十六条　本法自 2007 年 7 月 1 日起施行。

二、《农民专业合作社示范章程》

《农民专业合作社示范章程》是农民专业合作社设立内部组织机构、开展活动的基础和依据，设立农民专业合作社必须依法制定章程。《农民专业合作社示范章程》经 2007 年 6 月 29 日农业部第九次常务会议审议通过，自 2007 年 7 月 1 日起施行。《农民专业合作社示范章程》在加强对各类农民专业合作社建设的指导、引导农民专业合作社健康规范发展方面，发挥了重要作用。主要内容包括：第一章总则，第二章成员，第三章组织机构，第四章财务管理，第五章合并、分立、解散和清算，第六章附则。

第一章总则，规定了农民专业合作社章程应当注明合作社的名称、法定代表人、成立时间、发起人、出资额，宗旨与原则，服务对象与主要营业范围，财产与债务责任承担，公积金分配与可分配盈余分配等。

第二章成员，规定了成为合作社成员的条件，成员的权利，成员大会中成员的选举和表决，成员的义务，成员资格的终止，成员的除名。

第三章组织机构，规定了成员大会的地位与职权，成员代表大会的设立，临时成员大会的召开，成员大会选举或决议，理事会（长）职权，监事会组成与职权，经理职权，理事长、理事和管理人员不得从事的行为。

第四章财务管理，规定了合作社财会人员的担任，成员与本社的所有业务交易的账户记载，理事长的财务管理职责，合作社资金来源，合作社成员出资方式，公积金和盈余的提取与用途、分配顺序，债务分担方式，监事会的财务管理职责。

第五章合并、分立、解散和清算，规定了合作社合并时的通知、债权、债务，合作社分立时的财产分割、债务承担，合作社的解散原因，清算组的负责事项，财产清偿顺序与方案。

【拓展阅读】

农民专业合作社示范章程

本示范章程中的楷体文字部分为解释性规定，其他字体部分为示范性规定。农民专业合作社根据自身实际情况，参照本示范章程制定和修正本社章程。

_____专业合作社章程

【_____年_____月_____日召开设立大会，由全体设立人一致通过。】

第一章　总则

第一条　为保护成员的合法权益，增加成员收入，促进本社发展，依照《中华人民共和国农民专业合作社法》和有关法律、法规、政策，制定本章程。

第二条　　本社由_____ _____【注：全部发起人姓名或名称】等_____人发起，于_____年_____月_____日召开设立大会。

本社名称：_____合作社，成员出资总额_____元。

本社法定代表人：_____【注：理事长姓名】。

本社住所：_____，邮政编码：_____。

第三条　本社以服务成员、谋求全体成员的共同利益为宗旨。成员入社自愿，退社自由，地位平等，民主管理，实行自主经营，自负盈亏，利益共享，风险共担，盈余主要按照成员与本社的交易量（额）比例返还。

第四条　本社以成员为主要服务对象，依法为成员提供农业生产资料的购买，农产品的销售、加工、运输、贮藏以及与农业生产经营有关的技术、信息等服务。主要业务范围如下：

【注：根据实际情况填写。如：

（一）组织采购、供应成员所需的生产资料；

（二）组织收购、销售成员生产的产品；

（三）开展成员所需的运输、贮藏、加工、包装等服务；

（四）引进新技术、新品种，开技术培训、技术交流和咨询服务……

上述内容应与工商行政管理部门颁发的《农民专业合作社法人营业执照》中规定的主要业务内容相符。】

第五条　本社对由成员出资、公积金、国家财政直接补助、他人捐赠以及合法取得的其他资产所形成的财产，享有占有、使用和处分的权利，并以上述财产对债务承担责任。

第六条　本社每年提取的公积金，按照成员与本社业务交易量（额）【注：或者出资额，也可以二者相结合】依比例量化为每个成员所有的份额。由国家财政直接补助和他人捐赠形成的财产平均量化为每个成员的份额，作为可分配盈余分配的依据之一。

本社为每个成员设立个人账户，主要记载该成员的出资额、量化为该成员的公积金份额以及该成员与本社的业务交易量（额）。

本社成员以其个人账户内记载的出资额和公积金份额为限对本社承担责任。

第七条　经成员大会讨论通过，本社投资兴办与本社业务内容相关的经济实体；接受与本社业务有关的单位委托，办理代购代销等中介服务；向政府有关部门申请或者接受政府有关部门委托，组织实施国家支持发展农业和农村经济的建设项目；按决定的数额和方式参加社会公益捐赠【注：上述业务农民专业合作社可选择进行】。

第八条 本社及全体成员遵守社会公德和商业道德，依法开展生产经营活动。

第二章 成员

第九条 具有民事行为能力的公民，从事_____

_____【注：业务范围内的主业农副产品名称】生产经营，能够利用并接受本社提供的服务，承认并遵守本章程，履行本章程规定的入社手续的，可申请成为本社成员。本社吸收从事与本社业务直接有关的生产经营活动的企业、事业单位或者社会团体为团体成员【注：农民专业合作社可以根据自身发展的实际情况决定是否吸收团体成员】。具有管理公共事务职能的单位不得加入本社。本社成员中，农民成员至少占成员总数的80%。

【注：农民专业合作社章程还可以规定入社成员的其他条件，如：具有一定的生产经营规模或经营服务能力等。具体可表述为：养殖规模达到_____以上或者种植规模达到_____以上……等。】

第十条 凡符合前条规定，向本社理事会【注：或者理事长】提交书面入社申请，经成员大会【注：或者理事会】审核并讨论通过者，即成为本社成员。

第十一条 本社成员的权利：

（一）参加成员大会，并享有表决权、选举权和被选举权；

（二）利用本社提供的服务和生产经营设施；

（三）按照本章程规定或者成员大会决议分享本社盈余；

（四）查阅本社章程、成员名册、成员大会记录、理事会会议决议、监事会会议决议、财务会计报告和会计账簿；

（五）对本社的工作提出质询、批评和建议；

（六）提议召开临时成员大会；

（七）自由提出退社声明，依照本章程规定退出本社；

（八）成员共同议决的其他权利【注：如不作具体规定此项可删除】。

第十二条　本社成员大会选举和表决，实行一人一票制，成员各享有一票基本表决权。

出资额占本社成员出资总额百分之_____以上或者与本社业务交易量（额）占本社总交易量（额）百分之_____以上的成员，在本社_____等事项【注：如重大财产处置、投资兴办经济实体、对外担保和生产经营活动中的其他事项】决策方面，最多享有_____票的附加表决权【注：附加表决权总票数，依法不得超过本社成员基本表决权总票数的20%】。享有附加表决的成员及其享有的附加表决权数，在每次成员大会召开时告知出席会议的成员。

第十三条　本社成员的义务：

（一）遵守本社章程和各项规章制度，执行成员大会和理事会的决议；

（二）按照章程规定向本社出资；

（三）积极参加本社各项业务活动，接受本社提供的技术指导，按照本社规定的质量标准和生产技术规程从事生产，履行与本社签订的业务合同，发扬互助协作精神，谋求共同发展；

（四）维护本社利益，爱护生产经营设施，保护本社成员共有财产；

（五）不从事损害本社成员共同利益的活动；

（六）不得以其对本社或者本社其他成员所拥有的债权，抵销已认购或已认购但尚未缴清的出资额；不得以已缴纳的出资额，抵销其对本社或者本社其他成员的债务；

（七）承担本社的亏损；

（八）成员共同议决的其他义务【注：如不作具体规定此

项可删除】。

第十四条 成员有下列情形之一的，终止其成员资格：

（一）主动要求退社的；

（二）丧失民事行为能力的；

（三）死亡的；

（四）团体成员所属企业或组织破产、解散的；

（五）被本社除名的。

第十五条 成员要求退社的，须在会计年度终了的 3 个月前向理事会提出书面声明，方可办理退社手续；其中，团体成员退社的，须在会计年度终了的 6 个月前提出。退社成员的成员资格于该会计年度结束时终止。资格终止的成员须分摊资格终止前本社的亏损及债务。

成员资格终止的，在该会计年度决算后＿＿＿＿＿＿＿个月内【注：不应超过 3 个月】，退还记载在该成员账户内的出资额和公积金份额。如本社经营盈余，按照本章程规定返还其相应的盈余所得；如经营亏损，扣除其应分摊的亏损金额。

成员在其资格终止前与本社已订立的业务合同应当继续履行【注：也可以依照退社时与本社的约定确定】。

第十六条 成员死亡的，其法定继承人符合法律及本章程规定的条件的，在＿＿＿＿＿＿＿＿个月内提出入社申请，经成员大会【注：或者理事会】讨论通过后办理入社手续，并承继被继承人与本社的债权债务。否则，按照第十五条的规定办理退社手续。

第十七条 成员有下列情形之一的，经成员大会【注：或者理事会】讨论通过予以除名：

（一）不履行成员义务，经教育无效的；

（二）给本社名誉或者利益带来严重损害的；

（三）成员共同议决的其他情形【注：如不作具体规定此项可删除】。

本社对被除名成员，退还记载在该成员账户内的出资额和公积金份额，结清其应承担的债务，返还其相应的盈余所得。因前款第二项被除名的，须对本社作出相应赔偿。

第三章　组织机构

第十八条　成员大会是本社的最高权力机构，由全体成员组成。

成员大会行使下列职权：

（一）审议、修改本社章程和各项规章制度；

（二）选举和罢免理事长、理事、执行监事或者监事会成员；

（三）决定成员入社、退社、继承、除名、奖励、处分等事项【注：如设立理事会此项可删除】；

（四）决定成员出资标准及增加或者减少出资；

（五）审议本社的发展规划和年度业务经营计划；

（六）审议批准年度财务预算和决算方案；

（七）审议批准年度盈余分配方案和亏损处理方案；

（八）审议批准理事会、执行监事或者监事会提交的年度业务报告；

（九）决定重大财产处置、对外投资、对外担保和生产经营活动中的其他重大事项；

（十）对合并、分立、解散、清算和对外联合等作出决议；

（十一）决定聘用经营管理人员和专业技术人员的数量、资格、报酬和任期；

（十二）听取理事长或者理事会关于成员变动情况的报告；

（十三）决定其他重大事项【注：如不作具体规定此项可删除】。

第十九条　本社成员超过150人时，每＿＿＿＿名成员选举产生 1 名成员代表，组成成员代表大会。成员代表大会履行成员大会的_____、_____等【注：部分或者全部】职权。成员代表任期_____年，可以连选连任【注：成员总数达到 150 人的农民专业合作社可以根据自身发展的实际情况决定是否设立成员代表大会。如不设立，此条可删除】。

第二十条　本社每年召开_____次成员大会【注：至少于会计年度末召开一次成员大会】。成员大会由_____【注：理事长或者理事会】负责召集，并提前 15 日向全体成员通报会议内容。

第二十一条　有下列情形之一的，本社在 20 日内召开临时成员大会：

（一）30% 以上的成员提议；

（二）执行监事或者监事会提议【注：如不设立执行监事或监事会，此项可删除】；

（三）理事会提议；

（四）成员共同议决的其他情形【注：如不作具体规定此项可删除】。

理事长【注：或者理事会】不能履行或者在规定期限内没有正当理由不履行职责召集临时成员大会的，执行监事或者监事会在_____日内召集并主持临时成员大会【注：如不设立执行监事或监事会，此款可删除】。

第二十二条　成员大会须有本社成员总数的 2/3 以上出席方可召开。成员因故不能参加成员大会，可以书面委托其他成员代理。一名成员最多只能代理_____名成员表决。

成员大会选举或者做出决议，须经本社成员表决权总数过半数通过；对修改本社章程，改变成员出资标准，增加或者减少成员出资，合并、分立、解散、清算和对外联合等重大事项做出决议的，须经成员表决权总数 2/3 以上的票数通过。成员代表大会的代表以其受成员书面委托的意见及表决权数，在成员代表大会上行使表决权。

第二十三条　本社设理事长 1 名，为本社的法定代表人。理事长任期＿＿＿＿＿＿＿＿＿年，可连选连任。

理事长行使下列职权：

（一）主持成员大会，召集并主持理事会会议；

（二）签署本社成员出资证明；

（三）签署聘任或者解聘本社经理、财务会计人员和其他专业技术人员聘书；

（四）组织实施成员大会和理事会决议，检查决议实施情况；

（五）代表本社签订合同等。

（六）履行成员大会授予的其他职权【注：如不作具体规定此项可删除】。

第二十四条　本社设理事会，对成员大会负责，由＿＿＿＿名成员组成，设副理事长＿＿＿＿人。理事会成员任期＿＿＿＿年，可连选连任。

理事会【注：或者理事长】行使下列职权：

（一）组织召开成员大会并报告工作，执行成员大会决议；

（二）制订本社发展规划、年度业务经营计划、内部管理规章制度等，提交成员大会审议；

（三）制订年度财务预决算、盈余分配和亏损弥补等方案，提交成员大会审议；

（四）组织开展成员培训和各种协作活动；

（五）管理本社的资产和财务，保障本社的财产安全；

（六）接受、答复、处理执行监事或者监事会提出的有关质询和建议；

（七）决定成员入社、退社、继承、除名、奖励、处分等事项【注：如不设立理事会此项可删除】；

（八）决定聘任或者解聘本社经理、财务会计人员和其他专业技术人员；

（九）履行成员大会授予的其他职权【注：如不作具体规定此项可删除】。

第二十五条 理事会会议的表决，实行一人一票。重大事项集体讨论，并经 2/3 以上理事同意方可形成决定。理事个人对某项决议有不同意见时，其意见记入会议记录并签名。理事会会议邀请执行监事或者监事长、经理和＿＿＿＿＿＿＿＿＿名成员代表列席，列席者无表决权。

【注：农民专业合作社可以根据自身发展的实际情况决定是否设立理事会。如不设立理事会，第二十四条第一款、第二十五条中的相关内容可删除。】

第二十六条 本社设执行监事一名，代表全体成员监督检查理事会和工作人员的工作。执行监事列席理事会会议。

第二十七条 本社设监事会，由＿＿＿＿＿＿＿＿＿＿＿＿＿＿＿＿＿＿＿名监事组成，设监事长一人，监事长和监事会成员任期＿＿＿＿＿＿＿＿＿年，可连选连任。

监事长列席理事会会议。

监事会【注：或者执行监事】行使下列职权：

（一）监督理事会对成员大会决议和本社章程的执行情况；

（二）监督检查本社的生产经营业务情况，负责本社财务审核监察工作；

（三）监督理事长或者理事会成员和经理履行职责情况；

（四）向成员大会提出年度监察报告；

（五）向理事长或者理事会提出工作质询和改进工作的建议；

（六）提议召开临时成员大会；

（七）代表本社负责记录理事与本社发生业务交易时的业务交易量（额）情况；

（八）履行成员大会授予的其他职责【注：如不作具体规定此项可删除】。

卸任理事长须待卸任_____年后【注：填写本章程第二十三条规定的理事长任期】方能当选监事。

第二十八条 监事会会议由监事长召集，会议决议以书面形式通知理事会。理事会在接到通知后_____日内就有关质询作出答复。

第二十九条 监事会会议的表决实行一人一票。监事会会议须有2/3以上的监事出席方能召开。重大事项的决议须经2/3以上监事同意方能生效。监事个人对某项决议有不同意见时，其意见记人会议记录并签名。

【注：农民专业合作社可以根据自身发展的实际情况决定是否设执行监事和监事会。如不设立，第二十七条、第二十八条、第二十九条相关内容可删除。】

第三十条 本社经理由理事会【注：或者理事长】聘任或者解聘，对理事会【注：或者理事长】负责，行使下列职权：

（一）主持本社的生产经营工作，组织实施理事会决议；

（二）组织实施年度生产经营计划和投资方案；

（三）拟订经营管理制度；

（四）提请聘任或者解聘财务会计人员和其他经营管理人员；

（五）聘任或者解聘除应由理事会聘任或者解聘之外的经营管理人员和其他工作人员；

（六）理事会授予的其他职权【注：如不作具体规定此项可删除】。

本社理事长或者理事可以兼任经理。

第三十一条 本社现任理事长、理事、经理和财务会计人员不得兼任监事。

第三十二条 本社理事长、理事和管理人员不得有下列行为：

（一）侵占、挪用或者私分本社资产；

（二）违反章程规定或者未经成员大会同意，本社资金借贷给他人或者以本社资产为他人提供担保；

（三）接受他人与本社交易的佣金归为己有；

（四）从事损害本社经济利益的其他活动；

（五）兼任业务性质相同的其他农民专业合作社的理事长、理事、监事、经理。

理事长、理事和管理人员违反前款（一）项至第（四）项规定所得的收入，归本社所有；给本社造成损失的，须承担赔偿责任。

第四章 财务管理

第三十三条 本社实行独立的财务管理和会计核算，严格按照国务院财政部门制定的农民专业合作社财务制度和会计制度核定生产经营和管理服务过程中的成本与费用。

第三十四条 本社依照有关法律、行政法规和政府有关主管部门的规定，建立健全财务和会计制度，实行每月＿＿＿＿日【注：或者每季度第＿＿＿＿月＿＿＿＿日】财务定期公开制度。

本社财会人员应持有会计从业资格证书，会计和出纳互不兼任。理事会、监事会成员及其直系亲属不得担任本社的财会人员。

第三十五条 成员与本社的所有业务交易，实名记载于各该成员的个人账户中，作为按交易量（额）进行可分配盈余返还分配的依据。利用本社提供服务的非成员与本社的所有业务交易，实行单独记账，分别核算。

第三十六条　会计年度终了时，由理事长【注：或者理事会】按照本章程规定，组织编制本社年度业务报告、盈余分配方案、亏损处理方案以及财务会计报告，经执行监事或者监事会审核后，于成员大会召开 15 日前，置备于办公地点，供成员查阅并接受成员的质询。

第三十七条　本社资金来源包括以下几项：

（一）成员出资；

（二）每个会计年度从盈余中提取的公积金、公益金；

（三）未分配收益；

（四）国家扶持补助资金；

（五）他人捐赠款；

（六）其他资金。

第三十八条　本社成员可以用货币出资，也可以用库房、加工设备、运输设备、农机具、农产品等实物、技术、知识产权或者其他财产权利作价出资，但不得以劳务、信用、自然人姓名、商誉、特许经营权或者设定担保的财产等作价出资。成员以非货币方式出资的，由全体成员评估作价。

第三十九条　本社成员认缴的出资额，须在＿＿＿＿＿＿个月内缴清。

第四十条　以非货币方式作价出资的成员与以货币方式出资的成员享受同等权利，承担相同义务。

经理事长【注：或者理事会】审核，成员大会讨论通过，成员出资可以转让给本社其他成员。

第四十一条　为实现本社及全体成员的发展目标需要调整成员出资时，经成员大会讨论通过，形成决议，每个成员须按照成员大会决议的方式和金额调整成员出资。

第四十二条　本社向成员颁发成员证书，并载明成员的出资额。成员证书同时加盖本社财务印章和理事长印鉴。

第四十三条　本社从当年盈余中提取百分之＿＿＿＿＿＿的公积

金，用于扩大生产经营、弥补亏损或者转为成员出资。

【注：农民专业合作社可以根据自身发展的实际情况决定是否提取公积金。】

第四十四条 本社从当年盈余中提取百分之_____的公益金，用于成员的技术培训、合作社知识教育以及文化、福利事业和生活上的互助互济。其中，用于成员技术培训与合作社知识教育的比例不少于公益金数额的百分之_____。

【注：农民专业合作社可以根据自身发展的实际情况决定是否提取公益金。】

第四十五条 本社接受的国家财政直接补助和他人捐赠，均按本章程规定的方法确定的金额入账，作为本社的资金（产），按照规定用途和捐赠者意愿用于本社的发展。在解散、破产清算时，由国家财政直接补助形成的财产，不得作为可分配剩余资产分配给成员，处置办法按照国家有关规定执行；接受他人的捐赠，与捐赠者另有约定的，按约定办法处置。

第四十六条 当年扣除生产经营和管理服务成本，弥补亏损、提取公积金和公益金后的可分配盈余，经成员大会决议，按照下列顺序分配：

（一）按成员与本社的业务交易量（额）比例返还，返还总额不低于可分配盈余的百分之_____【注：依法不低于60%，具体比例由成员大会讨论决定】；

（二）按前项规定返还后的剩余部分，以成员账户中记载的出资额和公积金份额，以及本社接受国家财政直接补助和他人捐赠形成的财产平均量化到成员的份额，按比例分配给本社成员，并记载在成员个人账户中。

第四十七条 本社如有亏损，经成员大会讨论通过，用公积金弥补，不足部分也可以用以后年度盈余弥补。

本社的债务用本社公积金或者盈余清偿，不足部分依照成员个人账户中记载的财产份额，按比例分担，但不超过成员账户中记载的出资额和公积金份额。

第四十八条　执行监事或者监事会负责本社的日常财务审核监督。根据成员大会【注：或者理事会】的决定【注：或者监事会的要求】，本社委托＿＿＿＿＿＿＿＿＿审计机构对本社财务进行年度审计、专项审计和换届、离任审计。

第五章　合并、分立、解散和清算

第四十九条　本社与他社合并，须经成员大会决议，自合并决议作出之日起 10 日内通知债权人。合并后的债权、债务由合并后存续或者新设的组织承继。

第五十条　经成员大会决议分立时，本社的财产作相应分割，并自分立决议作出之日起 10 日内通知债权人。分立前的债务由分立后的组织承担连带责任。但是，在分立前与债权人就债务清偿达成的书面协议另有约定的除外。

第五十一条　本社有下列情形之一，经成员大会决议，报登记机关核准后解散：

（一）本社成员人数少于 5 人；

（二）成员大会决议解散；

（三）本社分立或者与其他农民专业合作社合并后需要解散；

（四）因不可抗力因素致使本社无法继续经营；

（五）依法被吊销营业执照或者被撤销；

（六）成员共同议决的其他情形【注：如不作具体规定此项可删除】。

第五十二条　本社因前条第一项、第二项、第四项、第五项、第六项情形解散的，在解散情形发生之日起 15 日内，由成员大会推举＿＿＿＿＿＿＿＿＿名成员组成清算组接管本社，开始解散清算。逾期未能组成清算组时，成员、债权人可以向人民法院申请指定成员组成清算组进行清算。

第五十三条　清算组负责处理与清算有关未了结业务，清理本社的财产和债权、债务，制定清偿方案，分配清偿债务后的剩余财产，代表本社参与诉讼、仲裁或者其他法律程序，并在清算结束后，于_____日内向成员公布清算情况，向原登记机关办理注销登记。

第五十四条 清算组自成立起 10 日内通知成员和债权人，并于 60 日内在报纸上公告。

第五十五条 本社财产优先支付清算费用和共益债务后，按下列顺序清偿：

（一）与农民成员已发生交易所欠款项；

（二）所欠员工的工资及社会保险费用；

（三）所欠税款；

（四）所欠其他债务；

（五）归还成员出资、公积金；

（六）按清算方案分配剩余财产。清算方案须经成员大会通过或者申请人民法院确认后实施。本社财产不足以清偿债务时，依法向人民法院申请破产。

第六章 附则

第五十六条 本社需要向成员公告的事项，采取_____方式发布，需要向社会公告的事项，采取_____方式发布。

第五十七条 本章程由设立大会表决通过，全体设立人签字后生效。

第五十八条 修改本章程，须经半数以上成员或者理事会提出，理事长【注：或者理事会】负责修订，成员大会讨论通过后实施。

第五十九条 本章程由本社理事会【注：或者理事长】负责解释。

全体设立人签名、盖章。

三、《农民专业合作社登记管理条例》

《农民专业合作社登记管理条例》是为了确认农民专业合作社的法人资格，规范农民专业合作社登记行为，依据《农民专业合作社法》制定的条例。由国务院 2007 年 5 月 28 日发布，于 2007 年 7 月 1 日起施行。全文共六章三十三条，主要内容包括：第一章总则，第二章登记事项，第三章设立登记，第四章变更登记和注销登记，第五章法律责任，第六章附则。

第一章总则，介绍了《农民专业合作社登记管理条例》的制定意义和适用范围，合作社登记机关。

第二章登记事项，规定了农民专业合作社登记事项包括的内容，以及对合作社登记时名称、住所、出资的规定，合作社服务对象和业务范围，合作社法人。

第三章设立登记，规定了农民专业合作社设立登记时，应该向登记机关提交的文件，成员加入农民专业合作社的条件，合作社成员构成，合作社营业执照发放、补领。

第四章变更登记和注销登记，规定了申请变更登记需提交的文件，申请变更登记的情形，章程修改等变更登记不同情形的处理，成立清算组的农民专业合作社应该提交的文件。

第五章法律责任，列举了对农民专业合作社责令改正或吊销执照的几种情况等。

【拓展阅读】

农民专业合作社登记管理条例

第一章　总则

第一条　为了确认农民专业合作社的法人资格，规范农民专业合作社登记行为，依据《中华人民共和国农民专业合作社法》，制定本条例。

第二条　农民专业合作社的设立、变更和注销，应当依照《中华人民共和国农民专业合作社法》和本条例的规定办理登记。

申请办理农民专业合作社登记，申请人应当对申请材料的真实性负责。

第三条　农民专业合作社经登记机关依法登记，领取农民专业合作社法人营业执照（以下简称营业执照），取得法人资格。未经依法登记，不得以农民专业合作社名义从事经营活动。

第四条　工商行政管理部门是农民专业合作社登记机关。国务院工商行政管理部门负责全国的农民专业合作社登记管理工作。

农民专业合作社由所在地的县（市）、区工商行政管理部门登记。

国务院工商行政管理部门可以对规模较大或者跨地区的农民专业合作社的登记管辖做出特别规定。

第二章　登记事项

第五条　农民专业合作社的登记事项包括：

（一）名称；

（二）住所；

（三）成员出资总额；

（四）业务范围；

（五）法定代表人姓名。

第六条　农民专业合作社的名称应当含有"专业合作社"字样，并符合国家有关企业名称登记管理的规定。

第七条　农民专业合作社的住所是其主要办事机构所在地。

第八条 农民专业合作社成员可以用货币出资，也可以用实物、知识产权等能够用货币估价并可以依法转让的非货币财产作价出资。成员以非货币财产出资的，由全体成员评估作价。成员不得以劳务、信用、自然人姓名、商誉、特许经营权或者设定担保的财产等作价出资。

成员的出资额以及出资总额应当以人民币表示。成员出资额之和为成员出资总额。

第九条 农民专业合作社以其成员为主要服务对象，业务范围可以有农业生产资料购买，农产品销售、加工、运输、贮藏以及与农业生产经营有关的技术、信息等服务。

农民专业合作社的业务范围由其章程规定。

第十条 农民专业合作社理事长为农民专业合作社的法定代表人。

第三章 设立登记

第十一条 申请设立农民专业合作社，应当由全体设立人指定的代表或者委托的代理人向登记机关提交下列文件：

（一）设立登记申请书；

（二）全体设立人签名、盖章的设立大会纪要；

（三）全体设立人签名、盖章的章程；

（四）法定代表人、理事的任职文件和身份证明；

（五）载明成员的姓名或者名称、出资方式、出资额以及成员出资总额，并经全体出资成员签名、盖章予以确认的出资清单；

（六）载明成员的姓名或者名称、公民身份号码或者登记证书号码和住所的成员名册，以及成员身份证明；

（七）能够证明农民专业合作社对其住所享有使用权的住所使用证明；

（八）全体设立人指定代表或者委托代理人的证明。农民专业合作社的业务范围有属于法律、行政法规或者国务院规定在登记前须经批准的项目的，应当提交有关批准文件。

第十二条　农民专业合作社章程含有违反《中华人民共和国农民专业合作社法》以及有关法律、行政法规规定的内容的，登记机关应当要求农民专业合作社做相应修改。

第十三条　具有民事行为能力的公民，以及从事与农民专业合作社业务直接有关的生产经营活动的企业、事业单位或者社会团体，能够利用农民专业合作社提供的服务，承认并遵守农民专业合作社章程，履行章程规定的入社手续的，可以成为农民专业合作社的成员。但是，具有管理公共事务职能的单位不得加入农民专业合作社。

第十四条　农民专业合作社应当有5名以上的成员，其中农民至少应当占成员总数的80%。

成员总数20人以下的，可以有1个企业、事业单位或者社会团体成员；成员总数超过20人的，企业、事业单位和社会团体成员不得超过成员总数的5%。

第十五条　农民专业合作社的成员为农民的，成员身份证明为农业人口户口簿；无农业人口户口簿的，成员身份证明为居民身份证和土地承包经营权证或者村民委员会（居民委员会）出具的身份证明。

农民专业合作社的成员不属于农民的，成员身份证明为居民身份证。

农民专业合作社的成员为企业、事业单位或者社会团体的，成员身份证明为企业法人营业执照或者其他登记证书。

第十六条　申请人提交的登记申请材料齐全、符合法定形式，登记机关能够当场登记的，应予当场登记，发给营业执照。

除前款规定情形外，登记机关应当自受理申请之日起20日内，做出是否登记的决定。予以登记的，发给营业执照；不予登记的，应当给予书面答复，并说明理由。

营业执照签发日期为农民专业合作社成立日期。

第十七条　营业执照分为正本和副本，正本和副本具有同等法律效力。

营业执照正本应当置于农民专业合作社住所的醒目位置。

第十八条　营业执照遗失或者毁坏的，农民专业合作社应当申请补领。

任何单位和个人不得伪造、变造、出租、出借、转让营业执照。

第十九条　农民专业合作社的登记文书格式以及营业执照的正本、副本样式，由国务院工商行政管理部门制定。

第四章　变更登记和注销登记

第二十条　农民专业合作社的名称、住所、成员出资总额、业务范围、法定代表人姓名发生变更的，应当自做出变更决定之日起30日内向原登记机关申请变更登记，并提交下列文件：

（一）法定代表人签署的变更登记申请书；

（二）成员大会或者成员代表大会做出的变更决议；

（三）法定代表人签署的修改后的章程或者章程修正案；

（四）法定代表人指定代表或者委托代理人的证明。

第二十一条　农民专业合作社变更业务范围涉及法律、行政法规或者国务院规定须经批准的项目的，应当自批准之日起30日内申请变更登记，并提交有关批准文件。

农民专业合作社的业务范围属于法律、行政法规或者国务院规定在登记前须经批准的项目有下列情形之一的，应当自事由发生之日起30日内申请变更登记或者依照本条例的规定办理注销登记：

（一）许可证或者其他批准文件被吊销、撤销的；

（二）许可证或者其他批准文件有效期届满的。

第二十二条　农民专业合作社成员发生变更的，应当自本财务年度终了之日起 30 日内，将法定代表人签署的修改后的成员名册报送登记机关备案。其中，新成员入社的还应当提交新成员的身份证明。

农民专业合作社因成员发生变更，使农民成员低于法定比例的，应当自事由发生之日起 6 个月内采取吸收新的农民成员入社等方式使农民成员达到法定比例。

第二十三条 农民专业合作社修改章程未涉及登记事项的，应当自做出修改决定之日起 30 日内，将法定代表人签署的修改后的章程或者章程修正案报送登记机关备案。

第二十四条 变更登记事项涉及营业执照变更的，登记机关应当换发营业执照。

第二十五条 成立清算组的农民专业合作社应当自清算结束之日起 30 日内，由清算组全体成员指定的代表或者委托的代理人向原登记机关申请注销登记，并提交下列文件：

（一）清算组负责人签署的注销登记申请书；

（二）农民专业合作社依法做出的解散决议，农民专业合作社依法被吊销营业执照或者被撤销的文件，人民法院的破产裁定、解散裁判文书；

（三）成员大会、成员代表大会或者人民法院确认的清算报告；

（四）营业执照；

（五）清算组全体成员指定代表或者委托代理人的证明。

因合并、分立而解散的农民专业合作社，应当自做出解散决议之日起 30 日内，向原登记机关申请注销登记，并提交法定代表人签署的注销登记申请书、成员大会或者成员代表大会做出的解散决议以及债务清偿或者债务担保情况的说明、营业执照和法定代表人指定代表或者委托代理人的证明。

经登记机关注销登记，农民专业合作社终止。

第五章　法律责任

第二十六条　提交虚假材料或者采取其他欺诈手段取得农民专业合作社登记的，由登记机关责令改正；情节严重的，撤销农民专业合作社登记。

第二十七条　农民专业合作社有下列行为之一的，由登记机关责令改正；情节严重的，吊销营业执照：

（一）登记事项发生变更，未申请变更登记的；

（二）因成员发生变更，使农民成员低于法定比例满6个月的；

（三）从事业务范围以外的经营活动的；

（四）变造、出租、出借、转让营业执照的。

第二十八条　农民专业合作社有下列行为之一的，由登记机关责令改正：

（一）未依法将修改后的成员名册报送登记机关备案的；

（二）未依法将修改后的章程或者章程修正案报送登记机关备案的。

第二十九条　登记机关对不符合规定条件的农民专业合作社登记申请予以登记，或者对符合规定条件的登记申请不予登记的，对直接负责的主管人员和其他直接责任人员，依法给予处分。

第六章　附则

第三十条　农民专业合作社可以设立分支机构，并比照本条例有关农民专业合作社登记的规定，向分支机构所在地登记机关申请办理登记。农民专业合作社分支机构不具有法人资格。

农民专业合作社分支机构有违法行为的，适用本条例的规定进行处罚。

第三十一条　登记机关办理农民专业合作社登记不得收费。

第三十二条 本条例施行前设立的农民专业合作社，应当自本条例施行之日起 1 年内依法办理登记。

第三十三条 本条例自 2007 年 7 月 1 日起施行。

四、《农民专业合作社财务会计制度（试行)》

为了规范农民专业合作社的会计工作，保护农民专业合作社及其成员的合法权益，根据《中华人民共和国会计法》《农民专业合作社法》等国家有关法律和行政法规，财政部制定了《农民专业合作社财务会计制度（试行)》，自 2008 年 1 月 1 日起施行。主要内容包括：总则，会计核算的基本要求，会计科目，会计报表，会计凭证、会计账簿和会计档案。

总则介绍了《农民专业合作社财务会计制度（试行)》的制定目的，会计人员的设立，会计科目，会计核算方法。会计核算的基本要求规定了合作社的资产分类，流动资产分类，货币资金内部控制制度的建立健全，应收款项包括的内容，销售业务内部控制制度，采购业务内部控制制度，合作社的存货，合作社存货内部控制制度，合作社投资，对外投资业务内部控制制度，有价证券管理制度，合作社农业资产，合作社固定资产，在建工程，固定资产折旧制度，固定资产内部控制制度，合作社无形资产，合作社负债，合作社借款业务内部控制制度，所有者权益，生产成本、经营收人、经营支出，合作社本年盈余。会计科目规定了会计科目表和会计科目使用说明。会计报表，规定了会计报表的定义，资产负债表格式与编制说明，盈余及盈余分配表与编制说明，成员权益变动表，成员账户与编制说明，财务状况说明书涵盖的内容。会计凭证、会计账簿和会计档案规定了会计凭证的定义及编制要求，会计账簿的定义及编制要求，会计档案包括的内容与会计档案保管期限。

【拓展阅读】

农村资金互助社管理暂行规定

第一章 总则

第一条 为加强农村资金互助社的监督管理，规范其组织和行为，保障农村资金互助社依法、稳健经营，改善农村金融服务，根据《中华人民共和国银行业监督管理法》等有关法律、行政法规和规章，制定本规定。

第二条 农村资金互助社是指经银行业监督管理机构批准，由乡（镇）、行政村农民和农村小企业自愿入股组成，为社员提供存款、贷款、结算等业务的社区互助性银行业金融机构。

第三条 农村资金互助社实行社员民主管理，以服务社员为宗旨，谋求社员共同利益。

第四条 农村资金互助社是独立的企业法人，对由社员股金、积累及合法取得的其他资产所形成的法人财产，享有占有、使用、收益和处分的权利，并以上述财产对债务承担责任。

第五条 农村资金互助社的合法权益和依法开展经营活动受法律保护，任何单位和个人不得侵犯。

第六条 农村资金互助社社员以其社员股金和在本社的社员积累为限对该社承担责任。

第七条 农村资金互助社从事经营活动，应遵守有关法律法规和国家金融方针政策，诚实守信，审慎经营，依法接受银行业监督管理机构的监管。

第二章 机构设立

第八条 农村资金互助社应在农村地区的乡（镇）和行

政村以发起方式设立。其名称由所在地行政区划、字号、行业和组织形式依次组成。

第九条 设立农村资金互助社应符合以下条件：

（一）有符合本规定要求的章程；

（二）有10名以上符合本规定社员条件要求的发起人；

（三）有符合本规定要求的注册资本。在乡（镇）设立的，注册资本不低于30万元人民币，在行政村设立的，注册资本不低于10万元人民币，注册资本应为实缴资本；

（四）有符合任职资格的理事、经理和具备从业条件的工作人员；

（五）有符合要求的营业场所、安全防范设施和与业务有关的其他设施；

（六）有符合规定的组织机构和管理制度；

（七）银行业监督管理机构规定的其他条件。

第十条 设立农村资金互助社，应当经过筹建与开业两个阶段。

第十一条 农村资金互助社申请筹建，应向银行业监督管理机构提交以下文件、资料：

（一）筹建申请书；

（二）筹建方案；

（三）发起人协议书；

（四）银行业监督管理机构要求的其他文件、资料。

第十二条 农村资金互助社申请开业，应向银行业监督管理机构提交以下文件、资料：

（一）开业申请；

（二）验资报告；

（三）章程（草案）；

（四）主要管理制度；

（五）拟任理事、经理的任职资格申请材料及资格证明；

（六）营业场所、安全防范设施等相关资料；

（七）银行业监督管理机构规定的其他文件、资料。

第十三条 农村资金互助社章程应当载明以下事项：

（一）名称和住所；

（二）业务范围和经营宗旨；

（三）注册资本及股权设置；

（四）社员资格及入社、退社和除名；

（五）社员的权利和义务；

（六）组织机构及其产生办法、职权和议事规则；

（七）财务管理和盈余分配、亏损处理；

（八）解散事由和清算办法；

（九）需要规定的其他事项。

第十四条 农村资金互助社的筹建申请由银监分局受理并初步审查，银监局审查并决定；开业申请由银监分局受理、审查并决定。银监局所在城市的乡（镇）、行政村农村资金互助社的筹建、开业申请，由银监局受理、审查并决定。

第十五条 经批准设立的农村资金互助社，由银行业监督管理机构颁发金融许可证，并按工商行政管理部门规定办理注册登记，领取营业执照。

第十六条 农村资金互助社不得设立分支机构。

第三章 社员和股权管理

第十七条 农村资金互助社社员是指符合本规定要求的入股条件，承认并遵守章程，向农村资金互助社入股的农民及农村小企业。章程也可以限定其社员为某一农村经济组织的成员。

第十八条 农民向农村资金互助社入股应符合以下条件：

（一）具有完全民事行为能力；

（二）户口所在地或经常居住地（本地有固定住所且居住满3年）在入股农村资金互助社所在乡（镇）或行政村内；

（三）入股资金为自有资金且来源合法，达到章程规定的入股金额起点；

（四）诚实守信，声誉良好；

（五）银行业监督管理机构规定的其他条件。

第十九条 农村小企业向农村资金互助社入股应符合以下条件：

（一）注册地或主要营业场所在入股农村资金互助社所在乡（镇）或行政村内；

（二）具有良好的信用记录；

（三）上一年度盈利；

（四）年终分配后净资产达到全部资产的10%以上（合并会计报表口径）；

（五）入股资金为自有资金且来源合法，达到章程规定的入股金额起点；

（六）银行业监督管理机构规定的其他条件。

第二十条 单个农民或单个农村小企业向农村资金互助社入股，其持股比例不得超过农村资金互助社股金总额的10%，超过5%的应经银行业监督管理机构批准。

社员入股必须以货币出资，不得以实物、贷款或其他方式入股。

第二十一条 农村资金互助社应向入股社员颁发记名股金证，作为社员的入股凭证。

第二十二条 农村资金互助社的社员享有以下权利：

（一）参加社员大会，并享有表决权、选举权和被选举权，按照章程规定参加该社的民主管理；

（二）享受该社提供的各项服务；

（三）按照章程规定或者社员大会（社员代表大会）决议分享盈余；

（四）查阅该社的章程和社员大会（社员代表大会）、理事会、监事会的决议、财务会计报表及报告；

（五）向有关监督管理机构投诉和举报；

（六）章程规定的其他权利。

第二十三条　农村资金互助社社员参加社员大会，享有一票基本表决权；出资额较大的社员按照章程规定，可以享有附加表决权。该社的附加表决权总票数，不得超过该社社员基本表决权总票数的20%。享有附加表决权的社员及其享有的附加表决权数，应当在每次社员大会召开时告知出席会议的社员。章程可以限制附加表决权行使的范围。

社员代表参加社员代表大会，享有一票表决权。

不能出席会议的社员（社员代表）可授权其他社员（社员代表）代为行使其表决权。授权应采取书面形式，并明确授权内容。

第二十四条　农村资金互助社社员承担下列义务：

（一）执行社员大会（社员代表大会）的决议；

（二）向该社入股；

（三）按期足额偿还贷款本息；

（四）按照章程规定承担亏损；

（五）积极向本社反映情况，提供信息；

（六）章程规定的其他义务。

第二十五条　农村资金互助社社员不得以所持本社股金为自己或他人担保。

第二十六条　农村资金互助社社员的股金和积累可以转让、继承和赠与，但理事、监事和经理持有的股金和积累在任职期限内不得转让。

第二十七条　同时满足以下条件，社员可以办理退股。

（一）社员提出全额退股申请；

（二）农村资金互助社当年盈利；

（三）退股后农村资金互助社资本充足率不低于8%；

（四）在本社没有逾期未偿还的贷款本息。

要求退股的，农民社员应提前3个月，农村小企业社员应提前6个月向理事会或经理提出，经批准后办理退股手续。退股社员的社员资格在完成退股手续后终止。

第二十八条 社员在其资格终止前与农村资金互助社已订立的合同，应当继续履行；章程另有规定或者与该社另有约定的除外。

第二十九条 社员资格终止的，农村资金互助社应当按照章程规定的方式、期限和程序，及时退还该社员的股金和积累份额。社员资格终止的当年不享受盈余分配。

第四章 组织机构

第三十条 农村资金互助社社员大会由全体社员组成，是该社的权力机构。社员超过100人的，可以由全体社员选举产生不少于31名的社员代表组成社员代表大会，社员代表大会按照章程规定行使社员大会职权。

社员大会（社员代表大会）行使以下职权：

（一）制定或修改章程；

（二）选举、更换理事、监事以及不设理事会的经理；

（三）审议通过基本管理制度；

（四）审议批准年度工作报告；

（五）审议决定固定资产购置以及其他重要经营活动；

（六）审议批准年度财务预、决算方案和利润分配方案、弥补亏损方案；

（七）审议决定管理和工作人员薪酬；

（八）对合并、分立、解散和清算等做出决议；

（九）章程规定的其他职权。

第三十一条 农村资金互助社召开社员大会（社员代表大会），出席人数应当达到社员（社员代表）总数2/3以上。

社员大会（社员代表大会）选举或者做出决议，应当由该社社员（社员代表）表决权总数过半数通过；做出修改章程或者合并、分立、解散和清算的决议应当由该社社员表决权总数的 2/3 以上通过。章程对表决权数有较高规定的，从其规定。

第三十二条 农村资金互助社社员大会（社员代表大会）每年至少召开一次，有以下情形之一的，应当在 20 日内召开临时社员大会（社员代表大会）：

（一）1/3 以上的社员提议；

（二）理事会、监事会、经理提议；

（三）章程规定的其他情形。

第三十三条 农村资金互助社社员大会（社员代表大会）由理事会召集，不设理事会的由经理召集，应于会议召开 15 日前将会议时间、地点及审议事项通知全体社员（社员代表）。章程另有规定的除外。

第三十四条 农村资金互助社召开社员大会（社员代表大会）、理事会应提前 5 个工作日通知属地银行业监督管理机构，银行业监督管理机构有权参加。

社员大会（社员代表大会）、理事会决议应在会后 10 日内报送银行业监督管理机构备案。

第三十五条 农村资金互助社原则上不设理事会，设立理事会的，理事不少于 3 人，设理事长 1 人，理事长为法定代表人。理事会的职责及议事规则由章程规定。

第三十六条 农村资金互助社设经理 1 名（可由理事长兼任），未设理事会的，经理为法定代表人。经理按照章程规定和社员大会（社员代表大会）的授权，负责该社的经营管理。

经理事会、监事会同意，经理可以聘任（解聘）财务、信贷等工作人员。

第三十七条 农村资金互助社理事、经理任职资格需经属地银行业监督管理机构核准。农村资金互助社理事长、经理应具备高中或中专及以上学历，上岗前应通过相应的从业资格考试。

第三十八条 农村资金互助社应设立由社员、捐赠人以及向其提供融资的金融机构等利益相关者组成的监事会，其成员一般不少于3人，设监事长1人。监事会按照章程规定和社员大会（社员代表大会）授权，对农村资金互助社的经营活动进行监督。监事会的职责及议事规则由章程规定。农村资金互助社经理和工作人员不得兼任监事。

第三十九条 农村资金互助社的理事、监事、经理和工作人员不得有以下行为：

（一）侵占、挪用或者私分本社资产；

（二）将本社资金借贷给非社员或者以本社资产为他人提供担保；

（三）从事损害本社利益的其他活动。

违反上述规定所得的收入，应当归该社所有；造成损失的，应当承担赔偿责任。

第四十条 执行与农村资金互助社业务有关公务的人员不得担任农村资金互助社的理事长、经理和工作人员。

第五章 经营管理

第四十一条 农村资金互助社以吸收社员存款、接受社会捐赠资金和向其他银行业金融机构融入资金作为资金来源。

农村资金互助社接受社会捐赠资金，应由属地银行业监督管理机构对捐赠人身份和资金来源合法性进行审核；向其他银行业金融机构融入资金应符合本规定要求的审慎条件。

第四十二条 农村资金互助社的资金应主要用于发放社员贷款，满足社员贷款需求后确有富余的可存放其他银行业金融机构，也可购买国债和金融债券。

农村资金互助社发放大额贷款、购买国债或金融债券、向其他银行业金融机构融入资金，应事先征求理事会、监事会意见。

第四十三条　农村资金互助社可以办理结算业务，并按有关规定开办各类代理业务。

第四十四条　农村资金互助社开办其他业务应经属地银行业监督管理机构及其他有关部门批准。

第四十五条　农村资金互助社不得向非社员吸收存款、发放贷款及办理其他金融业务，不得以该社资产为其他单位或个人提供担保。

第四十六条　农村资金互助社根据其业务经营需要，考虑安全因素，应按存款和股金总额一定比例合理核定库存现金限额。

第四十七条　农村资金互助社应审慎经营，严格进行风险管理：

（一）资本充足率不得低于8%；

（二）对单一社员的贷款总额不得超过资本净额的15%；

（三）单一农村小企业社员及其关联企业社员、单一农民社员及其在同一户口簿上的其他社员贷款总额不得超过资本净额的20%；

（四）对前十大户贷款总额不得超过资本净额的50%；

（五）资产损失准备充足率不得低于100%；

（六）银行业监督管理机构规定的其他审慎要求。

第四十八条　农村资金互助社执行国家有关金融企业的财务制度和会计准则，设置会计科目和法定会计账册，进行会计核算。

第四十九条　农村资金互助社应按照财务会计制度规定提取呆账准备金，进行利润分配，在分配中应体现多积累和可持续的原则。

农村资金互助社当年如有未分配利润（亏损）应全额计入社员积累，按照股金份额量化至每个社员。

第五十条　农村资金互助社监事会负责对本社进行内部审

计，并对理事长、经理进行专项审计、离任审计，审计结果应当向社员大会（社员代表大会）报告。

社员大会（社员代表大会）也可以聘请中介机构对本社进行审计。

第五十一条 农村资金互助社应按照规定向社员披露社员股金和积累情况、财务会计报告、贷款及经营风险情况、投融资情况、盈利及其分配情况、案件和其他重大事项。

第五十二条 农村资金互助社应按规定向属地银行业监督管理机构报送业务和财务报表、报告及相关资料，并对所报报表、报告和相关资料的真实性、准确性、完整性负责。

第六章 监督管理

第五十三条 银行业监督管理机构按照审慎监管要求对农村资金互助社进行持续、动态监管。

第五十四条 银行业监督管理机构根据农村资金互助社的资本充足和资产风险状况，采取差别监管措施。

（一）资本充足率大于 8%、不良资产率在 5% 以下的，可向其他银行业金融机构融入资金，属地银行业监督管理部门有权依据其运营状况和信用程度提出相应的限制性措施。银行业监督管理机构可适当降低对其现场检查频率；

（二）资本充足率低于 8% 大于 2% 的，银行业监督管理机构应禁止其向其他银行业金融机构融入资金，限制其发放贷款，并加大非现场监管及现场检查的力度；

（三）资本充足率低于 2% 的，银行业监督管理机构应责令其限期增扩股金、清收不良贷款、降低资产规模，限期内未达到规定的，要求其自行解散或予以撤销。

第五十五条 农村资金互助社违反本规定其他审慎性要求的，银行业监督管理机构应责令其限期整改，并采取相应监管措施。

第五十六条 农村资金互助社违反有关法律、法规，存在超业务范围经营、账外经营、设立分支机构、擅自变更法定变更事项等行为的，银行业监督管理机构应责令其改正，并按《中华人民共和国银行业监督管理法》和《金融违法行为处罚办法》等法律法规进行处罚；对理事、经理、工作人员的违法违规行为，可责令农村资金互助社给予处分，并视不同情形，对理事、经理给予取消一定期限直至终身任职资格的处分；构成犯罪的，移交司法机关，依法追究刑事责任。

第五十七条　本规定的处罚，由银行业监督管理机构按其监管权限决定并组织实施。当事人对处罚决定不服的，可以向作出处罚决定的银行业监督管理机构的上一级机构提请行政复议；对行政复议决定不服的，可向人民法院申请行政诉讼。

第七章　合并、分立、解散和清算

第五十八条　农村资金互助社合并，应当自合并决议做出之日起 10 日内通知债权人。合并各方的债权、债务应当由合并后存续或者新设的机构承继。

第五十九条　农村资金互助社分立，其财产作相应的分割，并应当自分立决议做出之日起 10 日内通知债权人。分立前的债务由分立后的机构承担连带责任，但在分立前与债权人就债务清偿达成书面协议另有约定的除外。

第六十条　农村资金互助社因以下原因解散：

（一）章程规定的解散事由出现；

（二）社员大会决议解散；

（三）因合并或者分立需要解散；

（四）依法被吊销营业执照或者被撤销。

因前款第一项、第二项、第四项原因解散的，应当在解散事由出现之日起 15 日内由社员大会推举成员组成清算组，开始解散清算。逾期不能组成清算组的，社员、债权人可以向人民法院申请指定社员组成清算组进行清算。

第六十一条　清算组自成立之日起接管农村资金互助社，

负责处理与清算有关未了结业务，清理财产和债权、债务，分配清偿债务后的剩余财产，代表农村资金互助社参与诉讼、仲裁或者其他法律事宜。

第六十二条 农村资金互助社因本规定第六十条第一款的原因解散不能办理社员退股。

第六十三条 清算组负责制定包括清偿农村资金互助社员工的工资及社会保险费用，清偿所欠税款和其他各项债务，以及分配剩余财产在内的清算方案，经社员大会通过后实施。

第六十四条 清算组成员应当忠于职守，依法履行清算义务，因故意或者重大过失给农村资金互助社社员及债权人造成损失的，应当承担赔偿责任。

第六十五条 农村资金互助社因解散、被撤销而终止的，应当向发证机关缴回金融许可证，及时到工商行政管理部门办理注销登记，并予以公告。

第八章　附则

第六十六条 本规定所称农村地区，是指中西部、东北和海南省的县（市）及县（市）以下地区，以及其他省（自治区、直辖市）的国定贫困县和省定贫困县及县以下地区。

第六十七条 本规定由中国银行业监督管理委员会负责解释。

第六十八条 本规定自发布之日起施行。

【拓展阅读】

农村资金互助社示范章程

目录

第一章 总则

第一条 为维护××农村资金互助社（以下简称本社）社员和债权人的合法权益，规范本社的组织和行为，根据《农村资金互助社管理暂行规定》，制定本章程。

第二条 本社注册名称：

注册资本：

本社住所：

邮政编码：

第三条 本社是经银行业监督管理机构批准，由××县（市）××乡（镇）或行政村农民和农村小企业自愿入股组成，为社员提供存款、贷款、结算等业务的社区互助性银行业金融机构。

（或：本社是经银行业监督管理机构批准，由××县（市）××乡（镇）或行政村××经济组织的农民和农村小企业自愿入股组成，为社员提供存款、贷款、结算等业务的社区互助性银行业金融机构。）

本社不设立分支机构。

第四条 本社实行社员民主管理，以服务社员为宗旨，谋求社员共同利益。

第五条 本社依据《农村资金互助社管理暂行规定》设立，在工商管理部门进行登记，取得法人资格，对由社员股金、积累以及合法取得的其他资产所形成的法人财产，享有占有、使用、收益和处分的权利，并以全部法人财产对本社债务承担责任。

第六条 本社的财产、合法权益和依法经营活动受法律保护，任何单位和个人不得侵犯和非法干预。

第七条 本社社员以其社员股金和在本社的社员积累为限对本社的债务承担责任。

第八条 本章程自生效之日起，即成为规范本社的组织与行为、本社与社员、社员与社员之间权利义务关系的具有法律约束力的文件。

第九条 本社遵守国家有关法律、行政法规和规章，执行国家金融方针和政策，依法接受银行业监督管理机构的监管。

第二章 业务范围

第十条 经银行业监督管理机构批准，本社经营以下业务：

（一）办理社员存款、贷款和结算业务；

（二）买卖政府债券和金融债券；

（三）办理同业存放；

（四）办理代理业务；

（五）向其他银行业金融机构融入资金（符合审慎要求）；

（六）经银行业监督管理机构批准的其他业务。

第三章 社员

第十一条 本社社员是指符合本章程规定的入股条件，承认并遵守本章程，向本社入股的农民及农村小企业。

（或：本社社员是指符合本章程规定的入股条件，承认并遵守本章程，向本社入股的××农村经济组织的农民和农村小企业成员。）

第十二条 农民向本社入股应符合以下条件：

（一）具有完全民事行为能力；

（二）户口所在地或经常居住地（本地有固定住所且居住满3年）在本社所在的××乡（镇）或行政村内；

（三）入股资金为自有资金且来源合法，达到本章程规定的入股金额起点；

（四）诚实守信，声誉良好；

（五）本章程规定的其他条件。

第十三条　农村小企业向本社入股应符合以下条件：

（一）注册地或主要营业场所在本社所在的××乡（镇）或行政村内；

（二）具有良好的信用记录；

（三）上一年度盈利；

（四）年终分配后净资产达到全部资产的10%以上（合并会计报表口径）；

（五）入股资金为自有资金且来源合法，达到本章程规定的入股金额起点；

（六）本章程规定的其他条件。

第十四条　本社社员享有以下权利：

（一）参加社员大会，并享有表决权、选举权和被选举权，按照章程规定参加本社的民主管理；

（二）享受本社提供的各项服务；

（三）按照章程规定或者社员大会（社员代表大会）决议分享盈余；

（四）查阅本社的章程和社员大会（社员代表大会）、理事会、监事会的决议、财务会计报表及报告；

（五）向有关监督管理机构投诉和举报；

（六）本章程规定的其他权利。

第十五条　本社社员承担以下义务：

（一）向本社入股；

（二）执行社员大会（社员代表大会）的决议；

（三）按期足额偿还贷款本息；

（四）按本章程规定承担亏损；

（五）积极向本社反映情况、提供信息；

（六）本章程规定的其他义务。

第四章 股权管理

第十六条 本社每个农民社员入股金额起点为×元，每个农村小企业社员入股金额起点为×元，入股金额为元的整数倍。单个农民社员或单个农村小企业社员入股金额不得超过本社股金总额的 10%。

第十七条 社员缴纳股金必须以货币出资，不得以实物、贷款或其他方式入股。

第十八条 本社向入股社员发放记名股金证，作为社员的入股凭证。

第十九条 本社社员持有的股金和积累可以转让、继承和赠与，但理事、监事和经理持有的股金和积累在任职期限内不得转让。

第二十条 本社社员不得以所持本社股金和积累为自己或他人担保。

第二十一条 同时满足以下条件，本社社员可以办理退股。

（一）社员提出全额退股申请；

（二）本社当年盈利；

（三）退股后本社资本充足率不低于 8%；

（四）在本社没有逾期未偿还的贷款本息。

第二十二条 凡要求退股的，农民社员应提前 3 个月，农村小企业社员应提前 6 个月向理事会（不设理事会的向经理）提出，经批准后办理退股手续。退股社员的社员资格在完成退股手续后终止。

第二十三条 社员在其资格终止前与本社已订立的合同，应当继续履行。

第二十四条 社员资格终止后的 1 个月内，本社以现金形式返还该社员的股金和积累份额；社员资格终止的当年不享受盈余分配。

第二十五条　具备以下情形之一的社员，经理事会（不设理事会的由经理）批准，可予以除名，被除名社员如有未归还贷款，以该社员在本社的股金和社员积累予以抵扣，不足以抵扣的部分，该社员应通过其他方式偿还。

（一）不遵守本社章程；

（二）其行为给本社名誉和利益带来严重危害；

（三）以欺骗手段从本社取得贷款；

（四）恶意逃废在本社的债务；

（五）社员大会（社员代表大会）认为需要除名的其他情形。

第二十六条　本社建立社员名册，社员名册载明以下事项：

（一）社员的姓名或名称、身份证号码或企业法人代码、住所；

（二）社员所持股金金额、投票权确认数；

（三）社员所持股金证书的编号；

（四）社员缴纳股金日期。

第五章　组织机构

第二十七条　社员大会（社员代表大会）是本社的权力机构，由全体社员［社员代表（社员代表按照社员数量或入股比例分别从农民社员和农村小企业社员中由全体社员选举产生，本社社员代表大会由×名代表组成，每届任期3年，可连选连任）］组成。社员大会（社员代表大会）行使以下职权：

（一）制定或修改章程；

（二）选举和更换理事（不设理事会的选举经理）、监事；

（三）审议通过本社的发展规划；

（四）审议通过本社的基本管理制度；

（五）审议批准理事会（不设理事会的为经理）、监事会年度工作报告；

（六）审议决定固定资产购置以及其他重要经营事项；

（七）审议批准年度财务预、决算方案和利润分配方案、弥补亏损方案；

（八）审议决定管理和工作人员薪酬；

（九）对合并、分立、解散和清算等作出决议；

（十）本章程规定的其他职权。

第二十八条 社员大会（社员代表大会）由理事会（不设理事会的由经理）召集，每年至少召开 1 次；经 1/3 以上的社员（社员代表）提议，或理事会（不设理事会的由经理）、监事会提议，可在 20 日内召开临时社员大会（社员代表大会）。理事会（不设理事会的由经理）应当将会议召开时间、地点及审议事项于会议召开 15 日前通知全体社员（社员代表）。

第二十九条 召开社员大会（社员代表大会）必须有 2/3 以上的社员（社员代表）出席。不能出席会议的社员（社员代表）可授权其他社员（社员代表）代其行使表决权。授权采取书面形式，并明确授权内容。

社员大会（社员代表大会）选举或者做出决议，应当由本社社员（社员代表）表决权总数过半数通过；做出修改章程、选举经理（不设理事会的）或者合并、分立、解散和清算的决议应当由本社社员（社员代表）表决权总数的 2/3 以上通过。

第三十条 本社社员参加社员大会，享有一票基本表决权。入股金额前×名的农民社员、前×名的农村小企业社员在基本表决权外，共同享有本社基本表决权总数 20% 的附加表决权（享有附加表决权的农民社员、农村小企业社员合计一般不超过 10 名），并按照农民社员和农村小企业社员的入股金额或比例进行分配。享有附加表决权的社员及其享有的附加表决权票数，在每次社员大会召开时告知出席会议的社员。

社员代表参加社员代表大会，享有一票表决权。

第三十一条　理事会是本社的执行机构，由×名（不少于3名，应为奇数）理事组成，由社员大会（社员代表大会）选举和更换，每届任期3年，可连选连任。理事会设理事长1人，为本社法定代表人，由理事会选举产生，经2/3以上理事表决通过。除理事长外，本社不设专职理事。

第三十二条　理事会会议由理事长召集和主持。每年度至少召开2次，必要时可随时召开。理事会行使以下职权：

（一）召集社员大会（社员代表大会），并向社员大会（社员代表大会）报告工作；

（二）执行社员大会（社员代表大会）决议；

（三）选举和更换理事长；

（四）拟订本社的发展规划；

（五）审议决定本社的年度经营计划；

（六）拟订固定资产购置以及经营活动中其他重大事项计划；

（七）对经理拟订的大额贷款、国债和金融债券投资、向其他银行业金融机构融入资金的计划提出审核意见；

（八）聘任和解聘本社经理；

（九）对经理提出的拟聘用（解聘）财务、信贷等工作人员提出审核意见；

（十）审议通过经理的工作报告；

（十一）制定本社的内部管理制度；

（十二）拟订本社年度财务预、决算方案和利润分配方案、亏损弥补方案；

（十三）拟订本社的分立、合并、解散和清算方案；

（十四）社员大会（社员代表大会）授予的其他职权。

不设理事会的，第（五）项、第（八）项、第（十）项职权由社员大会（社员代表大会）行使；第（一）项、第（二）项、第（四）项、第（六）项、第（十一）项、第（十二）项、第（十三）项职权由经理行使；第（七）项、第（九）项职权由监事会行使。

第三十三条 监事会是本社的监督机构，由×名（不少于3人，应为奇数）监事组成。监事由社员、捐赠人以及向本社提供融资的金融机构等利益相关者担任，由社员大会（社员代表大会）选举和更换，每届任期3年，可连选连任。监事会设监事长1名，由监事会选举产生，经2/3以上监事表决通过。本社经理和工作人员不得兼任监事。本社不设专职监事。

第三十四条 监事会会议由监事长召集和主持，每半年至少召开1次，必要时可随时召开。监事会行使以下职权：

（一）派代表列席理事会会议；

（二）监督本社执行相关法律、行政法规和规章；

（三）对理事会决议和经理的决定提出质询；

（四）监督本社的经营管理和财务管理；

（五）进行内部审计，并对理事长、经理进行专项审计和离任审计；

（六）对经理拟聘用（解聘）财务、信贷等工作人员提出审核意见，对经理拟订的大额贷款、国债和金融债券、向其他银行业金融机构融入资金的计划提出审核意见；

（七）向社员大会（社员代表大会）报告工作；

（八）本社章程规定的其他职权。

第三十五条 本社设经理1名，由理事会聘任［不设理事会的由社员大会（社员代表大会）选举产生］，经理可由理事长兼任。经理全面负责本社的经营管理工作，行使以下职权：

（一）主持本社的经营管理工作，组织实施理事会的决议［不设理事会的组织实施社员大会（社员代表大会）决议］；

（二）拟订本社的内部管理制度；

（三）拟订本社的年度经营计划；

（四）提出拟聘用（解聘）财务、信贷等工作人员意见，以及大额贷款、国债和金融债券投资、向其他银行业金融机构融入资金的计划，征得理事会、监事会同意后实施；

（五）理事会授予的其他职权［不设理事会的，由社员大会（社员代表大会）授权］。

第三十六条 理事长、经理和工作人员的薪酬由社员大会（社员代表大会）决定，本社不向其他理事、监事支付薪酬。

第三十七条 本社的理事、监事、经理和工作人员不得有以下行为：

（一）侵占、挪用或者私分本社资产；

（二）将本社资金借贷给非社员或者以本社资产为他人提供担保；

（三）从事损害本社利益的其他活动。

违反上述规定所得的收入，归本社所有；造成损失的，应当承担赔偿责任。

第三十八条 执行与本社业务有关公务的人员不得担任本社的理事长、经理和工作人员。

第六章 业务、财务管理

第三十九条 本社以吸收社员存款、接受社会捐赠资金和符合审慎要求向其他银行业金融机构融入资金作为资金来源。

第四十条 本社的资金应主要用于发放社员贷款，满足社员贷款需求后确有富余可存放其他银行业金融机构，也可购买国债和金融债券。

第四十一条 本社办理社员结算业务，并按有关规定开办各类代理业务。

第四十二条 本社不向非社员吸收存款、发放贷款及办理其他金融业务，不以本社资产为其他单位或个人提供担保。

第四十三条 本社按存款和股金总额的×%以内留存库存现金。

第四十四条 本社按照审慎经营原则，严格进行风险管理：

（一）资本充足率不低于8%；

（二）对单一社员的贷款总额不超过资本净额的15%；

（三）对单一农村小企业社员及其关联小企业社员、单一农民社员及其在同一户口簿上的其他社员贷款总额不超过资本净额的20%；

（四）对前十大户贷款总额不超过资本净额的50%；

（五）资产损失准备充足率不低于100%；

（六）银行业监督管理机构规定的其他审慎要求。

第四十五条 本社执行国家有关金融企业的财务制度与会计准则，设置会计科目和法定会计账册，进行会计核算。

第四十六条 本社会计年度为公历1月1日至12月31日，在每一会计年度终了时制作财务会计报表及报告，并于召开社员大会（社员代表大会）的20日前置备于本社，供社员查阅。

第四十七条 本社应按照财务会计制度规定提取呆账准备金，进行利润分配。

第四十八条 本社的税后利润按以下顺序分配：

（一）弥补本社以前年度社员积累的亏损；

（二）提取法定盈余公积金［按税后利润（减弥补亏损）不低于10%的比例提取］；

（三）按年末风险资产余额1%的比例提取一般准备；

（四）向社员分配红利；

（五）向社员分配社员积累。

第四十九条 本社的法定盈余公积金累计达到注册资本的50%时，可不再提取。法定盈余公积金可用于弥补以前年度的亏损，但转增股金时，以转增后留存的法定盈余公积金不少于注册资本的25%为限。

第五十条　本社向社员分配红利的比例原则上不超过一年定期存款利率。当年如有未分配利润（亏损）全额计入社员积累，按照股金份额量化至每个社员，并设立专户管理。

第五十一条　本社除法定会计账册外，不得另立会计账册。

第五十二条　本社按照规定向社员披露社员股金和社员积累情况、财务会计报告、贷款发放及其风险情况、投融资情况、盈利及其分配情况、案件和其他重大事项。

第五十三条　本社按规定向属地银行业监督管理机构报送业务、财务报表、报告和相关资料，并对所报报表、报告和相关资料的真实性、准确性、完整性负责。

第七章　合并、分立、解散和清算

第五十四条　本社合并，自合并决议做出之日起10日内通知债权人。合并各方的债权、债务由合并后存续或者新设的机构承继。

第五十五条　本社分立，将财产作相应的分割，自分立决议做出之日起10日内通知债权人。分立前的债务由分立后的机构承担连带责任，但在分立前与债权人就债务清偿达成书面协议另有约定的除外。

第五十六条　本社因以下原因解散：

（一）社员大会决议解散；

（二）因合并或者分立需要解散；

（三）依法被吊销营业执照或者被撤销。

因第（一）项、第（三）项原因解散的，在解散事由出现之日起15日内由社员大会推举成员组成清算组，开始解散清算。逾期不能组成清算组的，由社员、债权人向人民法院申请指定成员组成清算组进行清算。

第五十七条 清算组自成立之日起接管本社，负责处理与清算有关未了结业务，清理财产和债权、债务，分配清偿债务后的剩余财产，代表本社参与诉讼、仲裁或者其他法律事宜，并在清算结束时向银行业监督管理机构缴回金融许可证，到工商行政管理部门办理注销登记，并予以公告。

第五十八条 清算组负责制定包括清偿本社员工的工资及社会保险费用，清偿所欠税款和其他各项债务，以及分配剩余财产在内的清算方案，经社员大会通过后实施。

第五十九条 清算组成员应当忠于职守，依法履行清算义务，因故意或者重大过失给本社社员及债权人造成损失的，应当承担赔偿责任。

第八章　附则

第六十条 本社设公告栏，对需要公告的事项以张贴的形式向全体社员公告。

第六十一条 本社社员大会（社员代表大会）通过的章程修改、补充规定，经银行业监督管理机构核准，视为本章程的组成部分。

第六十二条 本章程未尽事宜依照国家有关法律法规、行政规章及银行业监督管理机构的有关规定办理。

第六十三条 本章程的解释权属本社理事会（不设理事会的为经理），修改权属本社社员大会（社员代表大会）。

第六十四条 本章程经本社社员大会（社员代表大会）通过，自银行业监督管理机构批准并依法注册之日起生效。

主要参考文献

［1］胡苗忠.农民专业合作社会计实务［M］.杭州：浙江工商大学出版社，2014.

［2］邵兴全.新型农民专业合作社治理结构研究：一种资本控制受约束的治理嵌入共同治理模式的探讨［M］.成都：西南财经大学出版社，2014.

［3］刘翠娥，郭春丽.农民专业合作社品牌培育与现代农业发展［M］.北京：经济科学出版社，2013.

［4］刘伯龙，唐亚林.从善分到善合：农民专业合作社研究［M］.上海：复旦大学出版社，2013.